Holger Bröer

Schnecken hüpfen nicht

Für Florian,
meinen geliebten Sohn.
Als ich vom Kurs abkam, hast du mir gezeigt, was im Leben
wirklich wichtig ist.

Nicht das Siegen, sondern die Liebe.

I was once like you are now
And I know that it's not easy
To be calm when you've found
Something going on
But take your time, think a lot,
why think of everything you've got
For you will still be here tomorrow but you dreams may not

(Cat Stevens/Father & Son)

Holger Bröer

Schnecken hüpfen nicht

Erfolgreich Neukunden gewinnen mit System

Bibliografische Information der Deutschen Nationalbibliothek:
Die Deutsche Nationalbibliothek verzeichnet diese Publikation in der Deutschen National-
bibliografie; detaillierte bibliografische Daten sind im Internet über **http://d-nb.de** abrufbar.

Für Fragen und Anregungen:
bröer@redline-verlag.de

1. Auflage 2012

© 2012 by Redline Verlag, ein Imprint der Münchner Verlagsgruppe GmbH,
Nymphenburger Straße 86
D-80636 München
Tel.: 089 651285-0
Fax: 089 652096

Redaktion: Vera Schneidereit, Hamburg
Umschlaggestaltung: Maria Wittek, München
Satz: Georg Stadler, München
Druck: CPI – Ebner & Spiegel, Ulm
Printed in Germany

ISBN Print 978-3-86881-339-5
ISBN E-Book (PDF) 978-3-86414-241-3

Weitere Informationen zum Verlag finden sie unter

www.redline-verlag.de

Beachten Sie auch unsere weiteren Imprints unter
www.muenchner-verlagsgruppe.de

Inhalt

Kapitel 1:
Wo bitte geht's hier zum Verkaufserfolg? Eine kurze Gebrauchsanweisung

Schnecken hüpfen nicht Dieses Buch, das Sie gerade in Händen halten, ist kein Ratgeber für Gartenbau oder Schädlingsbekämpfung und stellt auch keine revolutionären Thesen auf dem Gebiet der Biologie auf. Aber das wussten Sie sicher schon. Als fachkundiger Leser denken Sie vielleicht, dass es sich dabei lediglich um einen lustigen Teaser handelt, um die Verkaufszahlen zu optimieren, ganz so, wie es (gute) Verkäufer tun? Sie haben damit recht, sonst würde dem Autor jegliche Legitimation fehlen, ein praktisches Buch über das Thema Verkaufen zu verfassen. Aber mit dem Titel wird wesentlich mehr bezweckt.

Das Buch handelt nämlich von einer einzigen, für den Verkaufserfolg entscheidenden Frage: »Sind Sie ein echter Verkäufer?« Wenn Sie jetzt kräftig nicken und mit einem Blick in Ihre Zukunft und auf Ihre zahlreichen Kunden zufrieden lächeln können, dürfen Sie stolz auf sich sein und das Buch zufrieden zuklappen und weiterverschenken. Wenn Sie aber bei dieser Frage innerlich zögern oder mit den Schultern zucken, dann ist dieses Buch für Sie gemacht. Es ist Inspiration für Menschen, die verkaufen wollen oder gar müssen und nicht wissen, ob sie ihren Beruf lieben oder lieber (los)lassen sollten.

Es erzählt von Spaß und Leidenschaft und wie man diese Eigenschaften für das Leben entwickelt, für das Sie sich entschieden haben. Wie es bei jedem Menschen klare Talente gibt, so gibt es bei jedem auch talentfreie Zonen. Wenn jemand es nur technisch beherrscht, einen Job zu machen, ist das zwar vordergründig zweckdienlich, kann aber nie wirklich zum Erfolg führen. Daraus ergibt sich Unzufriedenheit bei einem selbst wie auch aufseiten des Kunden. Der Schmerz im Sinne eines Unvermögens, auf den Kunden zugehen zu können und Untätigkeit sind eine natürliche Folge.

Dieses Buch bietet Ihnen Hilfestellungen beim Verstehen und Durchdringen dieser Blockaden an, die einen ganz wesentlichen Anteil daran haben, Sie von Ihrem Verkaufserfolg abzuhalten. Kundenakquise ist einfach und macht darüber hinaus Spaß. Glauben Sie nicht? Dann müssen Sie unbedingt weiterlesen.

Es ist eine kurzweilige Grundausbildung und stellt die vertriebliche Grundlage für Manager und Verkäufer dar. Zusätzlich zum Vertriebs-Gen vermittelt das Buch den Verkäufern die nötigen Tools, wie man die Begeisterung gezielt auf den Kunden überträgt, um die gewünschten Erfolge zu erzielen. Die Formel für Ihren Erfolg lautet ISP (»Intuitive Sales Process«). Ziel des Modells ist, die einzelnen Stufen Schritt für Schritt mit jedem Verkäufer durchzugehen, damit er lernt, dieses Instrumentarium handzuhaben. Es geht um die systematische Schulung des intuitiven Bauchgefühls, welches das starke Fundament für nachhaltigen Verkaufserfolg bildet. Der Verkäufer ist nämlich nicht der Katalysator des Vertriebserfolgs, sondern gestaltet diesen maßgeblich selbst.

Dieses Buch ist kein Lesebuch. Es ist ein Arbeits- und Übungsbuch. Begehen Sie daher nicht den Fehler, es wie eine Geheimakte unter Verschluss zu halten. Benutzen Sie es. Das stiftet Nutzen und macht das Buch letztendlich wertvoll für Sie.

Machen Sie sich Notizen in Ihrem Buch, unterstreichen Sie, malen Sie herum, ergänzen Sie es um Ihre Erfahrungen. Zahlreiche Grafiken, Charts, Zusammenfassungen und Übungen geben Ihnen die Möglichkeit, sich als Verkäufer zu erkennen und zu lernen, wie Sie erfolgreich neue Kunden gewinnen können. Zögern Sie nicht, machen Sie die Übungen mit und schreiben Sie ins Buch. Immer wieder finden Sie auch spannende Tipps und inspirierende Zitate zur Motivation in den Text eingestreut.

Am Ende eines jeden Kapitels werden Sie Platz bekommen, um sich eigene Gedanken, Geistesblitze, Impulse, aber auch noch offene Fragen notieren zu können. Das hilft Ihnen, den Stoff zu verinnerlichen, weil Sie dadurch das Netz, das sich neuronal in Ihnen zu bilden beginnt, unterstützen und so Ihren persönlichen Lernweg beschleunigen.

Zudem macht es Spaß, später immer wieder durch die Notizen zu blättern und zu sehen, welche Lektionen Sie bereits gelernt und welchen Weg Sie zurückgelegt haben. Die Chance, sich so leicht mehr Selbstbewusstsein zu besorgen, sollten Sie sich nicht entgehen lassen.

Damit Sie die Scheu vor der Unschuld des Buches verlieren, schreiben Sie ganz spontan die wichtigsten drei Wünsche auf, die Sie im Zuge der Lektüre erreichen wollen. Tun Sie das bitte JETZT.

Meine Ziele

▷

▷

▷

Sie haben Ihre drei Ziele notiert? Schön, damit haben Sie gleich drei wichtige Schritte hin zum wahren Verkäufer gemacht: Das Buch ist nun Ihr ganz persönlicher Wegbegleiter zum Verkaufserfolg. Durch die drei Ziele haben Sie eine Wegmarke gelegt. Lassen Sie sich überraschen, an welchen Stellen im Buch Sie darüber stolpern werden. Blättern Sie immer wieder mal zurück und vergessen Sie nicht, wo Sie jetzt stehen. Sie werden lächelnd zurückblicken, wenn Sie auf der letzten Seite angekommen sind.

Zusammenfassung

- Gratulation: Mit diesem Buch haben Sie in Wirklichkeit gleich mehrere Bücher gekauft: Zum Ersten ist dies ein Buch voller Informationen und eine Grundausbildung für Verkäufer. Zum Zweiten ist es ein Arbeits- und Übungsbuch, mit dem Sie aktiv den Lernstoff vertiefen können. Zum Dritten ist es ein Notizbuch, damit genau dieses Buch Ihr persönlicher Wegweiser zum Verkaufserfolg werden kann.

- Seien Sie proaktiv: Warten Sie nicht auf DAS singuläre Ereignis, bei dem alles passt. Fangen Sie an.

- Das Geheimnis liegt im JETZT. Überlegen Sie nicht lange, durch Handeln wird Ihr Handeln automatisch besser. Das nennt man Lernen.

- Trauen Sie sich und schreiben Sie!

- Ihren Lernerfolg bestimmen Sie hier erheblich selbst mit!

Kapitel 2:
Was wollt Ihr sein:
Verkäufer oder Schnecken?

Wollen Sie Verkäufer sein? Am besten stellen Sie sich vor einen Spiegel und schauen sich tief in die Augen, während Sie sich diese Frage selbst stellen. Können Sie überzeugt *Ja* sagen und sich dabei in die Augen sehen – oder schwankt der Blick? Falls Letzteres zutrifft, nehmen Sie das nicht zu tragisch, sondern sehen Sie darin eine Momentaufnahme Ihres Zustandes. Vielleicht tröstet es Sie, zu lesen, dass die meisten Menschen so über Verkäufer denken. Denn der Ruf des Verkäufers in Deutschland ist kein guter. Warum eigentlich? Lassen Sie uns mit einer kleinen Geschichte beginnen.

Wahre Verkäufer sind ein bisschen wie LKW-Fahrer. Man sieht sie täglich. Man nimmt sie wahr, wenn sie auf den Raststätten unsere Parkplätze blockieren. Man verdammt sie vielleicht sogar ein wenig, wenn sie quer durch Europa unser Obst hin- und herfahren und die Autobahnen dabei verstopfen. Man beschimpft sie und wünscht sie, Sie wissen schon wohin. Haben Sie sich schon einmal bei dem Gedanken erwischt, dass es doch ganz sicher auch ohne LKWs ginge? Klar, das wäre möglich. Aber Sie würden Ihren Supermarkt schon nach ein paar Tagen nicht wiedererkennen, wenn immer mehr lieb gewonnene Produkte fehlten. Und denken Sie an die anhaltenden Proteste und Blockaden der griechischen LKW-Fahrer im Jahr 2011, als neben Benzin auch Lebensmittel knapp wurden. Ohne LKWs käme es zu katastrophalen Versorgungsengpässen.

Viele Menschen glauben auch, dass hierzulande gut auf professionelle Verkäufer verzichtet werden könnte. Das ist ein ähnlich großer Irrtum mit ebenso fatalen Folgen.

> In Wahrheit gehören gerade professionelle Verkäufer zu den wichtigsten Akteuren, wenn es um wirtschaftliches Wachstum geht.

Ohne Verkäufer gibt es keinen Verkauf und damit keinen Konsum. So wie LKWs Waren über die Lande bewegen, tun dies Verkäufer zwischen Menschen. Stoppt diese Bewegung, bedeutet das nicht nur, dass Ihre Kinder keine Äpfel aus Südafrika bekommen und Sie auf die neueste Unterhaltungselektronik (mit dem Apfel drauf) aus den USA verzichten müssen. Nein, das System als solches käme zum Erliegen.

Die Frage, die sich nun stellt, muss lauten, wie es angesichts der tragenden Rolle, die professionelle Verkäufer in unserem System einnehmen, zu einem solch schlechten Image für Verkäufer kommen kann. Dieses negative Bild vom Verkäufer rührt aus drei Quellen:

Zum einen gibt es empirische Befunde, die aus einer Befragung unter 500 Unternehmen hervorgehen. Danach gefragt, was deren Verkäufer den ganzen Tag machen, stellte sich heraus, dass diese 89 Prozent ihres Tages als sogenannte Bullshit-Time verbringen. Das heißt, dass sie twittern, auf Facebook unterwegs sind, ihre E-Mail-Konten checken oder einfach im Netz surfen. Sie warten auf die Anrufe ihrer Kunden oder verwalten diese, wenn auch zum Teil in komplexen CRM-Systemen. Es bleiben damit aber nur 9 Prozent der Zeit für die Neukundengewinnung übrig. Das ist natürlich deutlich zu wenig und muss geändert werden, um das schlechte Image wandeln zu können.

Des Weiteren kommen noch Vorurteile hinzu wie *Verkäufer sind doch alle Betrüger*, *Verkäufer wollen einem immer irgendetwas andre-*

hen oder *Verkaufen ist so spannend, wie wenn man Farbe beim Trocknen zusieht.* Und auch hier ein klares Ja zu der traurigen Tatsache, dass es auch schwarze Schafe unter den Verkäufern gibt, Leute mit der Sehnsucht nach dem schnellen und einfachen Geld oder Dilettanten, die vom Handwerk des Verkäufers nichts verstehen. Verwunderlich muss an dieser Stelle sein, dass es heute keine Berufsgruppe gibt, die nicht durch Skandale und Skandälchen gezeigt hätte, dass es nicht auch in ihren Reihen schwarze Schafe gibt.

Das negative Image hat aber noch einen dritten Ursprung – und zwar im Selbstbild des Verkäufers. Verkaufen ist ein tougher Job – und das unterschätzen viele bei der Berufswahl.

> Verkaufen hat auch mit Leidenschaft und Selbstmotivation, mit Eigeninitiative, mit Fachwissen und Menschenkenntnis zu tun.

Diese Eigenschaften lassen sich nicht alle von heute auf morgen entwickeln, manche von ihnen sind auch eine Frage der Veranlagung. So kann man einem Soziopathen schwer beibringen, dass Dienstleistungsbereitschaft etwas mit Respekt und Wertschätzung gegenüber dem Kunden zu tun hat. Und die Tatsache, dass ein Verkäufer rechnen können muss, hat sich auch noch nicht bis in die letzten Winkel der Zunft herumgesprochen – eine Eigenschaft, die heute immer weniger selbstverständlich ist.

In Summe führen diese drei Punkte zu dem schlechten Image, das Verkäufer hierzulande genießen. Aber muss das sein? Denken wir hier einen Augenblick an Lessing, der sagte: »Nur die Sache ist verloren, die man selbst aufgibt.« Er erinnert damit an eine zentrale Kernkompetenz eines wahren Verkäufers: Nichts ist in Stein gehauen, solange Sie nicht aufgeben und proaktiv handeln. Damit Ihr Handeln auch in die richtige Richtung geht, wollen wir dem Imageproblem weiter nachspüren. Lassen Sie uns also genauer hinsehen, wie das ist mit den Schnecken und den Verkäufern. Vorab noch ein kleiner Warnhinweis: Es wird Ihnen ziemlich sicher nicht alles gefallen, was Sie im Folgenden präsentiert bekommen. Es ist aber absolut notwendig, dass Sie sich einigen Punkten, die sich unangenehm und schmerzhaft anfühlen, stellen. Dahinter liegt viel Wahrheit, Ihre Wahrheit. Danach können Sie sich nochmals vor den Spiegel stellen und sich fragen, wie es mit dem Verkäufer in Ihnen aussieht. Nicht nur Ihr Spiegelbild wird es Ihnen danken, versprochen.

2.1 Vom Umgang mit dem Verkäufer-Schmerz

Die Menschen sind wie die Schnecken,
die bei gutem Wetter aus ihrer Schale hervorkriechen
und sich bei schlechter Witterung darin zurückziehen.

(Sprichwort)

Für Schnecken ist die Strategie, sich bei herannahender Gefahr in ihr Haus zurückzuziehen, überlebensnotwendig. Andernfalls würden sie gefressen werden. Es ist ihr Instinkt, der sie in solchen Fällen für Schneckenverhältnisse blitzschnell reagieren und meist auch überleben lässt.

Dass auch der Mensch diesen Überlebensinstinkt hat, weiß jeder von uns. Wie oft haben Sie sich schon umgedreht, wenn Sie sich beobachtet fühlten, und es stand dann wirklich jemand hinter Ihnen? Wie oft spazierten Sie gedankenverloren durch die Gegend, sind dann instinktiv am Straßenrand stehen geblieben und wurden nicht vom Auto erfasst, das Sie bewusst gar nicht bemerkt hatten? Wir haben diesen Gefahrensinn und er ist sehr wertvoll, dass wir uns nicht falsch verstehen. Er kann für die Unversehrtheit Ihrer Gesundheit oder die Ihrer Lieben, die Ihres Wagens oder Hauses sorgen, wie uns das Bundesverfassungsgericht in seiner Urteilsbegründung vom 26.02.1974 etwas umständlich aufklärt:

»Nach allgemeiner Auffassung liegt eine >Gefahr< vor, wenn eine Sachlage oder ein Verhalten bei ungehindertem Ablauf des objektiv zu erwartenden Geschehens mit Wahrscheinlichkeit ein polizeilich geschütztes Rechtsgut schädigen wird.«[1]

Zur Übung: Nehmen Sie sich fünf Minuten Zeit und listen Sie alle Situation auf, in denen Ihre Gesundheit oder gar Ihr Leben in Gefahr war. Wurden Sie als Kind beim Spielen beinahe von einem Auto überfahren? Sind Sie irgendwo heruntergefallen? Wurden Sie überfallen?

Nun gehen Sie die Liste durch. Fällt Ihnen etwas auf? Zum einen, Sie haben es bis hierher überlebt. Gratulation. Zum anderen, ein Kundengespräch werden Sie in dieser Liste nicht finden. Kann es also eine konkrete physische Gefahr sein, vor der sich Verkäufer in ihre Schneckenhäuser zurückziehen und keine Neukunden ansprechen, um sie von ihren Produkten, Dienstleistungen, ihrer Firma oder ihrer Idee zu überzeugen? Natürlich ist das schlicht unmöglich. Oder haben Sie schon einmal davon gehört, dass ein Verkäufer beim Versuch einer Kontaktanbahnung von einem potenziellen Kunden gefressen oder ihm physisch der Kopf abgerissen wurde? Wahrscheinlich nicht. Und doch ziehen sich viele auf diese Position zurück, weil sie a) bequem und b) auch irgendwie befriedigend ist. Wenn sich etwas gefährlich anfühlt, bleibt man einfach weg davon und verordnet sich zugleich eine Nachdenk-Sperre. So einfach ist das und so falsch. Gefahr ist in diesen Fällen physisch gesehen nur eine Illusion und damit eine Ausrede. Seien Sie ehrlich zu sich selbst. Es ist egal, was der Kunde zu Ihnen sagt, ob es ein deutliches Nein ist oder ob er noch weiter ausholt. Sie überleben das. Sie haben es immer getan und werden es auch weiterhin tun.

---

[1] http://www.ejura-examensexpress.de/online-kurs/entsch_show_neu.php?Alp=1&dok_id=618

Das heißt, dass der Schmerz, der viele vom Ansprechen von Neukunden und damit auch vom eigenen Verkaufserfolg abhält, woanders zu suchen ist. Spüren Sie diesen leichten Schmerz an der Wirbelsäule? Das sind nicht das Alter oder die Kreuzschmerzen, die vom vielen Sitzen kommen. Es sind Schmerzen des gelegten Zugangs für Betäubungsmittel, die Sie sich selbst verabreichen. Damit Sie vom Hals abwärts nichts mehr fühlen und nicht mehr hinsehen müssen, was Sie ohnehin nicht sehen wollen. Nach dem Schmerz kommt die Taubheit. Die Rettung und Lösung kann nur sein, dass Sie sich des einzig wahren Hindernisses bewusst werden, das Sie vom wahren Verkäufer-Sein abhält. Halten Sie sich fest.

> Das einzige Hindernis, das Sie vom Verkaufserfolg abhält ist:
> **UNLUST**

Das klingt Ihnen zu einfach oder unplausibel? Warten Sie es ab. Der Begriff Unlust entstammt aus der Psychoanalyse Sigmund Freuds und weist dort auf die Gegenseite des Lustprinzips hin. Unlust tritt immer dann auf, wenn es im Menschen zu einem erhöhten Erregungsniveau kommt. Dies kann beispielsweise die Aufregung vor einem Kundentermin sein, auch als Lampenfieber bezeichnet. Steigt das Niveau über eine gewisse Grenze, wird es als negativ empfunden. Der Mensch weicht den negativen Dingen aus, die ihm Unlust bereiten, um sich lustvolleren Aktivitäten zuzuwenden. Im Verkauf gibt es in diesem Zusammenhang vier klassische Fluchtwege:

Fluchtweg 1: Verdrängen

Sie glauben nicht, dass Unlust der Grund sein kann? Klingt Ihnen das zu einfach in der heutigen komplizierten Welt? Sie winken innerlich ab? Müsste man sich das Thema nicht viel genauer anschauen, mehr analysieren? Psychoanalyse im Verkauf – ist das der richtige Weg?

Wenn Sie sich diese oder ähnliche Fragen stellen, dann haben Sie den ersten Fluchtweg gewählt, das Verdrängen. Er ist der einfachste Mechanismus, weil er das Thema schlicht umgeht und dabei unhinterfragt lässt. Damit ist er aber auch genauso einfach zu verlassen.

Wenn Sie sich selbst dabei erwischt haben, bei den eben gestellten Fragen innerlich zu nicken, dann ist die folgende einfache Übung sehr hilfreich für Sie. Sie heißt »Des Kaisers neue Kleider« und wird für einige Überraschungseffekte sorgen, versprochen.

Sie brauchen wieder fünf Minuten Zeit. Stellen Sie das Handy auf lautlos und nehmen Sie einen Stift zur Hand. Oben auf der nächsten Seite sehen Sie den Satz »Unlust ist nicht der Grund, warum ich zu wenig Akquise mache, weil … « stehen. In einer neuen Zeile machen Sie den Satz fertig. Beispielsweise könnten Sie anführen »ich genügend Motivation habe« oder »Kunden von alleine auf mich zukommen«, »ich von meinen Stammkunden lebe«, »ich in Wirklichkeit Angst habe, nicht Unlust.« und so weiter. Schreiben Sie mindestens zehn solche Begründungen auf, die Ihnen spontan durch den Kopf gehen, und hören Sie auch nicht vorher auf, bis Sie die Übung ganz fertig haben. Auch wenn Sie nach einigen Punkten nicht mehr weiterwissen sollten, bleiben Sie dran und zwingen Sie sich, zehn Punkte aufzuführen.

Übung: Des Kaisers neue Kleider

Unlust ist nicht der Grund, warum ich zu wenig Akquise mache, weil ...

▷

▷

▷

▷

▷

▷

▷

▷

▷

▷

Haben Sie Ihre Liste gemacht? An dieser Stelle ist es besonders wichtig, dass Sie erst weiterlesen, wenn Sie den kreativen Teil der Übung erledigt haben, sonst funktioniert sie nämlich nicht mehr. Und das wäre sehr schade. Sie erinnern sich, das hier ist ein Arbeitsbuch. Also, zehn Gründe, dann geht's weiter.

Hier kommt nun der kleine Kniff, der zu einem großen Aha bei Ihnen führen wird. Nehmen Sie einen farbigen Stift, am besten einen roten. Streichen Sie das kleine Wörtchen »nicht« aus dem ersten Satz und fügen Sie es stattdessen bei jeder Ihrer Begründungen ein. Beim vorhin genannten Beispiel wird die Aussage »Unlust ist NICHT der Grund, warum ich zu wenig Akquise mache, weil ich genügend Motivation habe« umgewandelt in: »Unlust ist der Grund, warum ich zu wenig Akquise mache, weil ich NICHT genügend Motivation habe.«

Das Gefühl, das sich dabei in Ihnen breitmacht, ist mit dem vergleichbar, das der König hatten, nachdem sich einer seiner Berater traute, ihm zu sagen, dass seine neuen Kleider aus nichts bestanden und er die ganze Zeit nackt herumlief. So ist das mit der Wahrheit. Nicht immer kommt sie sofort gut an. Sie ist aber unabdingbar, wenn Sie sich auf den Weg zum wahren Verkäufer machen wollen. Es liegt damit ein großes Gewinnpotenzial in ihr. Eine oder zwei der Aussagen werden bei Ihnen sicher deutlichere Gefühlsreaktionen ausgelöst haben als andere. Für diese können Sie sich hier nochmals ein paar Notizen machen.

Fluchtweg 2: Ablenken/Verzögern

Sie haben sicherlich Bekannte, denen es wie folgt geht: Sie prüfen lieber stundenlang E-Mails oder recherchieren im Internet oder putzen und waschen ab, anstatt das zu tun, was eigentlich getan werden sollte. Jeder kennt Menschen mit einem mehr oder weniger ausgeprägten Hang zur Prokrastination oder zum »Trendleiden Aufschieberitis«, wie es der Spiegel[2] so schön nennt. Gut, dass Ihnen das nicht so geht, zumindest nicht im Beruf. Sind Sie da ganz sicher?

Kennen Sie vielleicht das folgende Szenario? Sie könnten theoretisch ein paar Kundentermine vereinbaren und losziehen. Eigentlich aber fühlen Sie sich dann doch noch ein wenig besser vorbereitet, wenn Sie noch das eine Buch aus Ihrer Bücherliste lesen, das mit den Top-Rezensionen von dem Vortragssprecher, den Sie letztens hörten. Da steht sicher viel Wertvolles drin. Und dann ist da noch das Seminar in drei Wochen mit dem bekannten Trainer, der weiß, wie es geht. Das muss unbedingt noch sein. Und wenn Sie danach noch ein paar Tage an Ihrem Konzept feilen, wären Sie eigentlich so weit. Während Ihnen die innere Stimme der Vernunft laut zuruft: »Was

---

[2]   Vgl. dazu http://www.spiegel.de/unispiegel/studium/0,1518,562306,00.html

machen wir noch hier? Beweg dich endlich raus!«, lullt Sie Ihr innerer Schweinehund ein. »Das ist gut investierte Zeit«, sagt er, »vorher anzufangen, wäre übereilt und schlicht nicht sinnvoll.«

Sonst passiert was …? Tatsache ist, dass eine riesige Branche von Seminaranbietern bis hin zu Verlagen sehr gut von dieser Angst lebt.

Haben Sie bei den letzten Zeilen ein Unwohlsein gespürt? Kam etwas Unruhe auf oder hat gar Ihr Gewissen zu Ihnen geflüstert? Falls ja, ist das prima. Denn dann ist Ihre innere Stimme noch nicht vollkommen verstummt. Nehmen Sie sich ruhig mal ein paar Minuten Zeit und hören Sie dieser Stimme zu, ganz offen und ohne schlechtes Gewissen. Das brauchen Sie nicht zu haben. Sie sind schließlich hier, um endlich hinzusehen und aufzuräumen. Geben Sie ihr ein wenig Zeit, Raum und Aufmerksamkeit. Sie wird es Ihnen danken, indem sie Sie vor schädlichen Situationen oder Menschen warnt und Ihnen die eine oder andere spannende Idee eingibt. Das sind einige der zentralen Eigenschaften eines wahren Verkäufers. Je öfter Sie diese einfache Übung praktizieren, desto schneller und deutlicher werden Sie Ihre innere Stimme vernehmen.

Am besten fangen Sie gleich damit an. Fünf Minuten reichen für den Anfang. Und seien Sie bitte ein wenig geduldig. Gerade wenn Sie länger nicht in sich hineingehört haben, kann es sein, dass es ein wenig dauert, bis Sie etwas hören. Aber seien Sie sicher: Sie ist da!

Fluchtweg 3: Abkürzen

Der letzte Fluchtweg beleuchtet neben dem Aufschieben einen weiteren Grund, warum viele Menschen lieber Bücher und Seminare übers professionelle Verkaufen konsumieren, als selbst zu verkaufen. Bei all diesen »Hilfsmitteln« geht es meistens leider um nicht praktikable Abkürzungen zum Erfolg. Die Grundfrage der Verkaufsliteratur und der entsprechenden Seminare lautet in etwa so: »Wie werde ich mit möglichst wenig Einsatz äußerst erfolgreich?« Das ist so ähnlich wie die Geschichte vom amerikanischen Traum, bei dem der Tellerwäscher zum Millionär wird. Der Unterschied besteht darin, dass der Weg dorthin nicht als beschwerlich und arbeitsreich dargestellt wird, sondern leicht, weil es ja eine geheime Abkürzung gibt. Diese kennen interessanterweise immer alle Trainer und Coachs, die es damit auf jeden Fall selbst schaffen, gut zu verdienen – und zwar an Ihnen und allen anderen, die glauben, dass von Nichts nicht nur etwas, sondern sehr viel kommt.

Aber das ist ein Irrtum. Das muss an dieser Stelle einmal klar gesagt werden. Zugegeben, für wenige gibt es die Abkürzung von der Küche direkt in die Chefetage. Aber hier spielen neben dem Zufall sehr viele andere Faktoren eine Rolle, die nicht in dieser Zusammenstellung wiederholbar sind. Da wir alle nicht das Kapital eines Warren Buffett haben, ist es doppelt unmöglich.

Denken Sie darüber logisch nach. Wie viele Verkäufer kennen Sie denn, die Millionäre sind? Und nun umgekehrt: Wie viele »erfolglose«, langweilige, oft sogar verbitterte Verkäufer kennen Sie? Wenn Verkaufen also so einfach wäre oder von Fremden »von der Bühne« erlernbar wäre, dann könnte das jeder. Da wird nicht schlecht applaudiert und es werden hohe Honorare gezahlt. Es ist auch erstaunlich, wie oft Zuhörer nach Vorträgen auf die Frage antworten, was sie morgen mit dem Gehörten anfangen werden. »Ja, das war ein toller Vortrag, aber ich kann das so nicht.« »Ich habe da Hemmungen.« »Ich bin anders. Der da oben kann das, ich nicht.« »Das geht in unserer Branche so nicht.« Das sind alles Ausreden.

Mit Mut, Kreativität und vor allem Tun lassen sich Hemmungen überwinden, Wege finden und Konzepte an die eigene Branche anpassen.

Mehr Magie gibt es hier nicht. Aber auch keine Patentrezepte, die Sie einfach ausrollen könnten. Sonst hätte es schon jemand vor Ihnen gemacht.

Und hier liegt auch schon die Übung vor Ihnen für diesen Fluchtweg. Nehmen Sie sich wieder fünf Minuten und überlegen Sie, in welchen Situationen Sie sich vor Ihrem Handeln verstecken. Wann lesen Sie lieber ein Buch, besuchen ein Seminar, gehen mit dem Hund spazieren, prüfen Ihre Kontoauszüge, machen Sport? Wie lenken Sie sich ab? Fernsehen Sie? Surfen Sie im Internet? Telefonieren Sie mit Ihrer Tante oder Ihrem Coach? Womit stellen Sie sich Ihre eigenen Fallen? Wo stehen Sie sich selbst im Weg auf Ihrer Reise zum Erfolg?

Seien Sie ehrlich, auch wenn es nicht leicht ist, und schreiben Sie die wichtigsten fünf Ablenkungsmechanismen auf. Tun Sie das bitte jetzt.

Übung: Die fünf wichtigsten Ablenkungsmechanismen

▷ ....

▷ ....

▷ ....

▷ ....

▷ ....

Nun nehmen Sie fünf Post-it-Zettel. Diese dürfen gern bunt sein, Hauptsache, sie fallen richtig auf. Notieren Sie nun Ihre fünf gefundenen Mechanismen auf je einem Zettel.

Nehmen wir als Beispiel an, sie haben »Ich prüfe immer meine E-Mails, anstatt neue Kunden anzurufen« auf einem Zettel notiert. Gehen Sie nun zu Ihrem PC und kleben Sie den Zettel auf Ihren Bildschirm. Nehmen Sie am besten die obere linke Ecke, weil diese besonders ins Auge sticht. Am besten sagen Sie dabei noch ein klares »Nein!«, wenn Sie den Zettel hinkleben. Das machen Sie insgesamt fünf Mal.

Nun haben Sie Ihre Ablenkungsmanöver geknackt. Diese können nämlich nur funktionieren, wenn sie unterbewusst bleiben. Mit farbigen Zetteln an den neuralgischen Stellen ist das freilich nicht mehr möglich.

Dann kommen Sie wieder ins Spiel. Jetzt haben Sie es nämlich in der Hand, ob Sie das nächste Mal Ihren Zettel ignorieren und surfen oder sich umdrehen und zum Hörer greifen und sofort einen Kunden anrufen. Das ist die einzige Magie. Keine Abkürzung, sondern Tun. So kurz, so einfach und so wirkungsvoll.

Spüren Sie das Kribbeln? Sagt Ihre innere Stimme: »Lass uns das versuchen!«? Dann legen Sie doch einfach das Buch zur Seite und greifen Sie zum Hörer.

> **Wie wäre es, wenn Sie jetzt fünf neue Kontakte anrufen würden?**

Die Frage kann Ihnen kein Buch, kein Trainer, kein Redner beantworten. Außerdem würde das viel zu lange dauern. Die Antwort können Sie sich viel schneller selbst besorgen. Also tätigen Sie fünf Anrufe. Und danach beantworten Sie bitte die Frage: »Wie fühlt sich das an, wenn ich fünf neue Kontakte anrufe?«

Ihre Antwort:

▷

▷

▷

Gratulation, Sie machen sich gut bis hierher. Merken Sie, wie sich Ihr Denken über Sie selbst zu ändern beginnt? Was ist nun mit den Schnecken, die sich in ihre Häuser verkriechen? Schnecken dürfen das – es ist deren Überlebensprogramm. Was machen Sie, lieber Leser? Sehen Sie Verkaufen noch als gefährlich an? Tut es Ihnen weh, wenn Sie daran denken? Oder haben Sie einfach keine Lust dazu? Vielleicht fühlen Sie von beidem noch ein bisschen in sich. Das ist auch in Ordnung so. Mechanismen, die sich so lange in Ihr Unterbewusstsein eingegraben haben, verschwinden nicht spurlos von einem Moment auf den nächsten. Aber Sie haben sie kräftig aufgewirbelt und in Bewegung gebracht. Das ist wie mit einem Glas Orangensaft, das schon länger steht und bei dem sich der Saftanteil gesetzt hat. Man könnte es für ein Glas mit trübem Wasser halten – wie schade. Und wenn Sie es schütteln, kommt von unten wieder der Saft hoch und plötzlich sieht jeder, dass es in Wirklichkeit Orangensaft ist. Also schütteln Sie sich ruhig ein wenig. Dabei kommt der wahre Verkäufer in Ihnen hervor. Soll der nun ein wenig zu Wort kommen. Lassen Sie sich von seiner Sichtweise inspirieren.

> Nichts Großes ist je ohne Begeisterung geschaffen geworden.
>
> (Ralph Waldo Emerson)

Was denkt der wahre Verkäufer über Gefahr und Angst? Er weiß, dass er nicht immer gewinnen kann. Er ist sich dessen bewusst, dass er Niederlagen kassiert. Und er steckt den Kopf deswegen nicht in den Sand oder resigniert schon vorher, sondern er steht einfach wieder auf und macht weiter. Ist der wahre Verkäufer deswegen naiv oder gar masochistisch oder einfach schmerzunempfindlich? Nichts davon trifft zu. Er hat aber einen entscheidenden Wissensvorsprung vor all denen, die so denken. Es ist für ihn kein Scheitern, wenn er hinfällt. Liegenbleiben, das wäre Scheitern für den wahren Verkäufer. Aufstehen, das bedeutet für ihn lernen. Er hat wieder einen Weg gefunden, der bei diesem Kunden nicht funktioniert. Und er kann seine Methoden erneut ein bisschen justieren, sein inneres Gefühl schärfen. Das bringt ihn wieder einen Schritt in Richtung Erfolg. Wissen Sie, wer vor diesem Hintergrund einer der großen Verkäufer war? Thomas Alva Edison, der Erfinder der Glühbirne. Über 1000 Versuche brauchte er, bis er den richtigen Glühfaden fand, der die Welt seitdem erleuchtet. Er selbst, der Meister in Beharrlichkeit, meinte dazu: »Unsere größte Schwäche liegt im Aufgeben. Der sicherste Weg zum Erfolg ist immer, es doch noch einmal zu versuchen.« Hatten Sie schon Ihre 1000 Versuche heute? Haben Sie Mut, nicht aus Verzweiflung, sondern aus der Gewissheit heraus, dass auch scheinbare Fehlversuche Sie Ihrem Ziel immer näher bringen, weil auch sie Versuche sind.

Was glauben Sie, wo all die wirklich guten Redner, Trainer und Verkäufer herkommen? Sie sind nicht vom Himmel gefallen oder haben diese Gabe mit der Muttermilch aufgesogen. Hören Sie genau hin, wenn solche Leute über ihren Weg erzählen. Dann werden Sie eines feststellen: Jeder von ihnen ging durch seine eigene Schule, die sich Leben nennt. Einige absolvieten sie schneller, hatten eine günstige Strecke vor sich, leichte Lektionen, Unterstützung und lernten schnell. Andere hatten Berge zu überqueren, Ozeane zu durchschwimmen und mit schlimmen Schicksalen zu kämpfen. Das spielt aber gar nicht die große Rolle. Entscheidend ist, was diese Menschen daraus gemacht haben, was sie gelernt haben. Und wie haben sie das geschafft?

> Diese Menschen wussten, dass sie keine Angst zu haben brauchen, weil ihnen vollkommen klar war, dass sie eines Tages erfolgreich sein werden.

Das ist das Geheimnis. Wenn Sie also immer noch abkürzen wollen, dann schauen Sie sich um, was Ihnen Ihr Leben beibringen möchte.

Hier ist das Buch gern ein Begleiter für Sie und zeigt Ihnen, wie Sie den einen oder anderen Berg mit Schwung nehmen können oder wo der Lichtschalter ist, wenn es in der Höhle zu dunkel werden sollte. Daher sind auch die Übungen von unglaublich hohem Erkenntniswert für Sie. Und wenn Sie fertig sind, haben Sie Ihr ganz persönliches Reisetagebuch geschrieben. Sie haben sich dann befreit von den Vorstellungen, die Ihnen andere aufschwatzen wollen, von anderen Reisen, die vielleicht auch toll klingen, aber einfach nicht zu Ihnen passen. Das Buch ist am Ende Ihr Logbuch auf dem Weg hin zu Ihrem eigenen Erfolg. Das macht den wahren Verkäufer aus.

2.2 Schleimen/Ekel vs. (Selbst-)Respekt

Viele Menschen hinterlassen Spuren,
nur wenige hinterlassen Eindrücke.

(Werner Mitsch)

Es sind nicht nur Schnecken, die außer einer Schleimspur und Löcher im Salat nicht viel hinterlassen. Sie haben sicherlich auch schon Menschen getroffen, die Sie nach fünf Minuten schon wieder vergessen hatten oder bei denen Sie schnell wussten, dass Sie ihnen lieber nicht begegnet wären. Diese Menschen haben dann bei Ihnen buchstäblich keinen guten Eindruck hinterlassen. Eindruck hängt von zwei Komponenten ab. Zum einen ist es die Kommunikation, die zustande kommt oder nicht. Manchmal findet man einfach nicht das passende Thema und hat seinem Gegenüber nichts zu sagen. Die inhaltliche Ebene ist aber nur die Spitze des Eisberges. Der überwiegende Anteil, der beeinflusst, ob Sie andere beeindrucken oder nicht, liegt in Ihrer eigenen Persönlichkeit und in Ihrem Selbstverständnis.

Stellen Sie sich folgende Situation vor: Nach einem Vertriebsmeeting in irgendeinem Hotel setzt sich ein Verkäufer an die Hotelbar. Er ist einsam, müde und gelangweilt von den Vorträgen seiner Manager. Wie immer ging es um mehr Umsatz, mehr Verkäufe, das Berichtswesen und eine neue, schlechtere Firmenwagenpolitik. Eine Hand hält das Bierglas und die andere wandert in die Schale mit den Erdnüssen. Da fällt sein Blick auf eine Dame, die auf der anderen Seite der Hotelbar Platz genommen hat. Das Hotel ist bekannt für Vertriebsmeetings, daher unterstellt er, die Dame könnte auch Verkäuferin sein. Diese Annahme macht es ihm leichter, Kontakt aufzunehmen. Sie ist eine Eingeweihte, quasi Leidensgenossin, und es gibt ein gemeinsames Gesprächsthema. Ihre Blicke treffen sich. Er nickt ihr zu. Seine Mundwinkel gehen nach oben. Seine neue Körperhaltung soll signalisieren. *Hallo, ich bin ein toller, erfolgreicher Mann.* Die Dame lächelt zurück. Er nimmt die Hand aus dem Glas mit den Erdnüssen und bewegt sich locker zu ihr. An der Schulter der Dame angekommen fragt sie ihn: »Na, was machst du denn hier? Was machst du denn so beruflich«? Kurz flackern seine Augen, weil er nach einer passenden Antwort sucht. Dann sagt er: »Ich bin mit meiner Vertriebsmannschaft hier und bringe den Jungs bei, wie man verkauft.« Oder: »Ich bin Vertriebsdirektor und treffe mich mit meinen Kollegen aus Europa. Wir sprechen über neue Markteinführungsstrategien.« Er wirkt dabei übertrieben, die Brust drückt Stolz aus, aber seine Hand hält sich so stark an der Bar fest, dass man das Weiße seiner Knöchel sehen kann.

Und nun können Sie raten, wie die Geschichte weitergeht. Richtig, die Dame merkt die unterschiedlichen Signale und sie ist weder angetrunken noch einsam genug, als dass ihr das egal wäre, dass sie belogen wird. Und genau das ist es, was der Verkäufer im Beispiel gemacht hat.

> Er hat sich selbst verleugnet und versucht, jemand anders zu sein.

Das ist doch langweilig. Das ist gelogen und der Betrug fällt immer auf. Bei der Dame an der Hotelbar und bei unseren potenziellen Neukunden.

Und nun denken Sie bitte zurück an Situationen im beruflichen und im privaten Umfeld, in denen Sie nach Ihrem Beruf gefragt wurden. Das kann bei einer Tagung gewesen sein, auf einer Party eines Freundes, an der Schlange beim Supermarkt oder natürlich auch an einer Hotelbar. Was haben Sie geantwortet? Bitte seien Sie ganz ehrlich zu sich. Haben Sie gesagt, dass Sie Verkäufer sind – mit fester Stimme und vollkommen überzeugt? Was steht auf Ihrer Visitenkarte und was in Ihrer E-Mail-Signatur?

Nehmen Sie eine der Situationen, an die Sie sich besonders gut erinnern können. Versetzen Sie sich hinein und stellen Sie sich diesmal vor, dass Sie bei der Frage nach Ihrem Beruf antworten: »Verkäufer.« Notieren Sie bitte die ersten fünf Einsprüche, die Ihnen dabei aus Ihrem Inneren entgegenhallen. Nehmen Sie sich kurz Zeit und machen Sie die Übung bitte jetzt.

Übung: Fünf Einwände

▷ ....

▷ ....

▷ ....

▷ ....

▷ ....

Was Sie hier auf dem Papier stehen haben, ist Ausfluss Ihrer sozialen Angst: Die Angst, gesellschaftlich nicht akzeptiert, nicht geliebt zu werden als derjenige, der Sie sind. Man könnte das nun wieder aus individualpsychologischer Sicht betrachten, wenn … Ja, wenn es nicht so viele Menschen in diesem Berufsfeld wären, die so reagieren. Das kann Sie für den Moment trösten. Sie sind nicht allein mit dieser Ansicht. Eine Lösung sieht aber anders aus.

Hier drängt sich die Frage auf, warum der Ruf des Verkäufers vor allem in Deutschland so schlecht ist, dass sogar die Top-Leute sich lieber andere Bezeichnungen geben, weil sie sich für etwas schämen, worin sie richtig gut sind. Hierfür gibt es Gründe. Doch bevor diese genauer analysiert werden sollen, ist es an dieser Stelle Zeit für ein klares Statement des Autors:

»Ich bin gern Verkäufer. Ich liebe diesen Beruf und will, dass der Beruf des Verkäufers so wahrgenommen und respektiert wird, wie er es verdient hat.«

Schön, dass Sie auf dieser Reise mit dabei sind. Und nun lassen Sie uns die Gründe ansehen, warum die Realität momentan anders aussieht. Es gibt zwei davon.

Grund 1: Mangelnde Ausbildung

Es gibt zwar diverse Ausbildungen wie Industrie-, Groß- und Außenhandelskaufmann, die danach auch zu Anstellungen im Verkauf führen. Aber sind Menschen mit diesem Ausbildungshintergrund automatisch gute Verkäufer? Leider nein. Aufgrund der guten wirtschaftlichen Situation in einigen Branchen werden zudem noch eine Menge un- und angelernter Kräfte eingesetzt mit teilweise katastrophalem Verhalten gegenüber dem Kunden.

Das können Sie ganz einfach selbst überprüfen: Gehen Sie in ein beliebiges Kaufhaus, einen Mode- oder Bücherladen und beobachten Sie, was passiert. Sie können wetten, dass entweder der Verkäufer schon beim Betreten auf Sie zugestürmt kommt und fragt, ob er Ihnen helfen kann. Oder es kommt die ganze Zeit niemand und der Kunde muss »Fachpersonal« suchen, das in Grüppchen zusammensteht und einen Plausch hält. Wie oft hört man die Frage von Kunden: »Entschuldigung, dürfte ich Sie etwas fragen?« Das ist doch eine verkehrte Welt. Das sind klassische Anfängerfehler im Umgang mit Kunden. Das ist eine gewaltige Portion an Nichtwissen, gepaart entweder mit Arroganz oder Frustration wegen des ausgebliebenen Verkaufserfolgs. Nahezu talentfreie Verkäufer gehören nicht an die kriegsentscheidende Vertriebsfront. Sie dürfen niemals zur Kundengewinnung eingesetzt werden.

Dies führt dazu, dass im sogenannten Tagesgeschäft – im Berufsalltag – der Verkäufer als nervender Störfaktor wahrgenommen wird, als eine Art von Zeitdieb. Entweder kommt er zu früh oder gar nicht. Das ist ein Teufelskreis, der an höherer Stelle gelöst werden muss. Der Fehler passiert schon im Recruiting-Prozess. Hier sind Personalverantwortliche und Entscheider in Unternehmen gefragt und müssen sich auch einen Teil der Kritik gefallen lassen. Bei der Stellenbesetzung für die Vertriebsfront muss viel mehr Wert und auch Zeit in Aus- und Weiterbildung gesteckt werden. Und es braucht die richtigen Charaktere dazu. Nicht jeder ist zum Verkäufer gemacht. So sieht die Wahrheit nun mal aus. Sie erinnern sich: Schnecken hüpfen nicht …

Grund 2: Schwarze Schafe

Die zweite Ursache, warum der Ruf des Verkäufers so schlecht ist, liegt in einem Trugschluss seitens mancher Verkäufer begründet. Schlecht ausgebildet, untalentiert und folglich erfolglos sind sie besonders anfällig für den »schnellen Erfolg«. Das Motto lautet: Heute noch beim Discounter an der Kasse und morgen erfolgreicher Verkäufer auf der Straße für Wein, Töpfe, Autos, Versicherungen oder Kaffeemaschinen. So entstehen Schneeballsysteme, die immer wieder für schlechte PR in den Medien sorgen, weil durch sie viele unbedarfte Konsumenten systematisch viel Geld verlieren. Oft sind diese Verfahren nicht nur moralisch fraglich, sondern sogar strafrechtlich relevant. Und wer sind die Ausführungsgehilfen dieser Systeme? Schwarze Schafe aus den Reihen der Verkäufer, besser als Drücker bekannt, die mit ihren Maschen und Methoden auf das schnelle Geld hoffen. Kein Gedanke wird hier an Nachhaltigkeit oder an Kundenbeziehung verschwendet. So tun die Drücker ein Übriges, um den Beruf des Verkäufers weiter und leider auch nachhaltig in Verruf zu bringen. Die Leidtragenden sind die wahren Verkäufer, die mit Mut, Biss, Feuer, Flamme und Leidenschaft ihren Job machen. Und beim Kunden, der tatsächlich einen Bedarf an vielen der oben genannten Dienstleistungen und Produkten hat, stehen Verkäufer unter Generalverdacht, ihn betrügen zu wollen. Daher genießt der Beruf, besonders in Deutschland, kaum Ansehen. Er dümpelt im Ranking der angesehensten Berufe auf einem der letzten Plätze dahin – in der Nähe des ehrenwerten Berufs eines Leichenwäschers.

Auf den ersten Plätzen halten sich wacker die Ärzte, auch gern als »Halbgötter in Weiß« bezeichnet. Kein Zweifel, der Arztberuf ist ein wichtiger und das Ideal dahinter, für die Gesundheit des Menschen zu sorgen, ein edles. Dennoch, es gab auch hier große Skandale. Es ging und geht immer wieder um subventionierte »Vortragsreisen« – mit der ganzen Familie. Es geht um Herzklappenskandale. Da liest man von der Verzahnung mit der Pharmaindustrie, die Geschenke verteilt und begehrte Punkte für Fortbildungen verteilt, wenn bestimmte Medikamente verschrieben werden. Es gibt hier also auch schwarze Schafe, die gegen die ethischen Grundpfeiler ihres eigenen Handwerks verstoßen. Und auch die Medien berichten von Skandalen, bei denen es nicht nur um betrogene Kunden, sondern um die Gesundheit oder gar das Leben von Menschen geht.

Es soll hier nicht der moralische Zeigefinger erhoben werden. Auch als Entschuldigung für die Verfehlungen in der Verkäuferzunft dienen diese Ausführungen nicht. Es geht lediglich darum, zu zeigen, dass die Verkäuferbranche nicht die einzige ist, die schwarze Schafe in ihren Reihen hat und dass es nicht sein kann, dass deswegen ein ganzer Berufsstand so in Misskredit gerät. Deutschland gilt international sogar als Dienstleistungswüste – ein Begriff, der den schlechten Ruf auf den traurigen Punkt bringt. Das ist nicht fair und gibt auch nur ein verzerrtes Bild der Wirklichkeit wieder.

Aber ist es auch ein Grund für all die guten Verkäufer da draußen, sich mit dem Ruf abzufinden und lieber auszuweichen, indem sie sich andere Berufsbezeichnungen geben und so um den heißen Brei herumreden? Sie ahnen sicher die Antwort schon: Ein ganz klares NEIN. Der wahre Verkäufer verkriecht sich nicht. Das haben wir im vorangegangenen Punkt schon geklärt. Der wahre Verkäufer schämt sich aber auch nicht seines Berufes wegen.

> »Stelle dich auf dich selbst; ahme niemals nach. In deine eigenen Gaben kannst du in jedem Augenblick die gesammelte Kraft deiner ganzen Lebensarbeit legen, aber von dem angenommenen Talent eines anderen hast du immer nur einen improvisierten und halben Besitz.«
>
> (Ralph Waldo Emerson)

Als ob Emerson über die Lage des deutschen Verkäufers philosophiert hätte. Die Lösung des Respektproblems liegt in der Besinnung auf sich selbst.

Hier sollen Ihnen sechs Tipps helfen, damit Sie wieder den Respekt bekommen, den Sie verdienen.

Tipp 1: Ehrliche Leistung

Erinnern wir uns. Menschen wollen kaufen. Nur nichts verkauft bekommen. Niemand möchte etwas angedreht bekommen, belästigt werden oder mit uralten Phrasen aus der 70er-Jahre-Verkaufstricks-Mottenkiste angekumpelt werden. Und dieses faire Tauschgeschäft wollen sie mit einem starken, authentischen Partner erleben. Das ist der Balance-Akt, den jeder gute Verkäufer schaffen muss und auch schafft. Hier geht es um Können, fachlich wie menschlich. Es geht um Fingerspitzengefühl für Kunde, Produkt und Situation. Hinter verkäuferischem Erfolg steckt Talent, gepaart mit harter Arbeit. Wenn Sie darauf nicht stolz sein können, worauf denn dann? Stolz hilft Ihnen, sich wieder ein Stück Selbstrespekt zurückzuerobern. Dazu eignet sich folgende Übung:

Gönnen Sie sich dieses Mal zehn Minuten. Denken Sie an Ihr letztes erfolgreiches Verkaufsgespräch. Nun schreiben Sie detailliert auf, was Sie dabei so gut gemacht haben, dass es zum Abschluss kam. Seien Sie dabei nicht oberflächlich, sondern schauen Sie wie mit einer Lupe hin. In welcher Stimmung waren Sie? Wie haben Sie erkannt, dass der Kunde Interesse hatte? Was haben Sie als Erstes gesagt? Haben Sie den Kunden in seiner Stimmung richtig abgeholt? Wie haben Sie ihn zum Produkt hingeführt? Seien Sie genau. Gab es Einwände? Was haben Sie gesagt? Schreiben Sie Ihre ganz persönliche Erfolgsstory auf. Wenn Sie wollen, dann können Sie auch hinter jeden Punkt ein Häkchen setzen.

Wenn Sie Ihre Erfolgsgeschichte niedergeschrieben haben, lehnen Sie sich bequem zurück und lesen Sie sich Ihre Geschichte der Reihe nach vor. Am besten tun Sie das laut. Und genießen Sie Ihren Erfolg. Wie Sie sehen werden, gehört eine Menge dazu, ein erfolgreicher Verkäufer zu sein.

Verkaufen kann nicht jeder.

Lassen Sie diesen Satz Teil Ihres Selbstverständnisses werden.

Tipp 2: Leidenschaft

Ein wahrer Verkäufer lebt seinen Beruf mit Leidenschaft und Selbstmotivation. Er hat Freude am Verkaufen und er weiß eines:

> Ein glücklicher Verkäufer kann aus hundert trübsinnig und schlecht gelaunten Menschen hundert glückliche und zufriedene Kunden machen.

Das ist ein Hebel, wie ihn nur wenige Menschen in ihrem Beruf zur Verfügung haben. Sie sehen, dass der einzelne Verkäufer alles andere als ohnmächtig gegen den schlechten Ruf der Branche ist. Jeder Einzelne kann hier seinen Beitrag leisten und sein Umfeld positiv beeinflussen. Seien Sie sich dieser Möglichkeit und der Verantwortung, die damit einhergeht, immer bewusst.

Tipp 3: Positionierung

Als Verkäufer und Menschenfreund verfügen Sie über ein natürliches, authentisches Interesse an Ihren Mitmenschen. Sie sind höflich, zeigen Respekt und kennen die Bedeutung der beiden Zauberworte »Bitte« und »Danke«. Sie kennen und respektieren Ihre vertrieblichen Grenzen. Sie sind in der Lage, mit Ihren Kunden über Lösungen, Chancen und gute Gelegenheiten zu plaudern. Sie begegnen Ihren Kunden damit auf Augenhöhe. Das ist eine Entscheidung, die Sie damit treffen. Jeden Tag wieder. Sie ähnelt dem Mediziner, der sich dafür entscheidet, Schönheitsoperationen für die Reichen und Schönen oder für Kinder mit Verbrennungen anzubieten.

Für welchen Weg entscheiden Sie sich? Wie wollen Sie den Menschen begegnen? Hier bieten sich fünf Minuten Nachdenkzeit an. Notieren Sie bitte, was Sie über Ihre Kunden denken. Wie wollen Sie sie behandeln? Wie wollen Sie von ihnen behandelt werden?

Übung: Kundenbeziehung

▷

▷

▷

▷

▷

Lesen Sie sich bitte die Gedanken durch, die Sie eben zu Papier gebracht haben. Klingen sie stimmig für Sie? Können Sie innerlich nicken oder gibt es da den Zweifler oder eine andere innere Stimme, die Nein sagt? Falls ja, dann drängen Sie sie nicht in den Hintergrund, sondern erlauben ihr, frei ihre Bedenken zu äußern. Das ist ein wichtiger Prozess, damit Sie authentisch vor Ihren Kunden auftreten können. Wenn nämlich die inneren Gegenstimmen-, der Zweifler, der Kritiker und andere dazwischenfunken, dann kommen Sie nicht glaubhaft beim Kunden rüber. Nach diesen Notizen nehmen Sie nun die Position des Vermittlers und des Richters ein. Mit welcher Entscheidung können alle inneren Anteile gut leben? Können Sie damit leben? Dann treffen Sie und leben Sie diese. Die positive Kraft, die sich daraus ergibt, werden Sie deutlich in Ihren künftigen Kundenkontakten bemerken.

Tipp 4: Die goldene Grundregel

Somit sind wir bereits bei einer der Grundregeln im erfolgreichen Verkauf angelangt:

> Bleiben Sie immer hübsch bei der Wahrheit.

Überlegen Sie mal, welche Kaufmotivationen unsere Kunden haben. Warum fragt der Kunde nach Referenzen, Rabatten oder Vergleichsangeboten? Na, weil er wissen will, ob Sie ein starker Verkäufer sind oder Hans-Jürgen Mittelmaß, der beim kleinsten Gegenwind umknickt. Das ist jemand, der keinen Eindruck hinterlässt und den man lieber vergisst, wenn man ihm begegnet ist. Ein ehrliches Verkaufsgespräch wird dem Kunden aber in Erinnerung bleiben. Und ein Verkäufer, der voller Stolz die volle Wahrheit sagt, strahlt Selbstbewusstsein und Vertrauen aus. Beides ist eine wichtige Basis für langfristige Kundenbeziehungen. Das heißt nun eben nicht, dass Verkäufer von sich als Helden oder Supermänner sprechen. Dass wäre auch nicht authentisch. Seien Sie einfach Verkäufer. Klar und ehrlich. Zu sich selbst und dem Kunden.

Tipp 5: Verkäufer – das Ohr am Markt

Unternehmen verkaufen keine Produkte. Am Anfang jedes erfolgreichen Unternehmens steht eine einfache Idee. Diese wird nicht vom Unternehmen entwickelt, sondern von den Menschen, die dort arbeiten. Das kann die Dame am Empfang sein, der Kundenberater, der Grafiker oder die Putzfrau. Oder auch der Unternehmensgründer. Viel häufiger ist es der Verkäufer. Er ist das Bindeglied zwischen Markt und Produkt. Er weiß am besten, was Kunden wollen und was sie verabscheuen. Außerdem kennt er die Produktpalette auswendig und meistens nicht nur die der eigenen Firma, sondern auch jene der Konkurrenz. Damit wird der Verkäufer zum entscheidenden Wissensträger, der für die Marktforschung von hohem Wert ist. Er kann Produktinnovationen anregen und wie neue Vertriebskanäle zum Kunden vorschlagen. Da ist die ganze Palette von der strategischen Planung bis hin zur operativen Umsetzung gefragt.

Damit passt an dieser Stelle ein Appell an alle Unternehmer unter den Lesern sehr gut:

> Werden Sie sich des Wertes Ihrer Verkaufsmannschaft und aller Ihrer Verkäufer bewusst.

Verkäufer sind nicht nur diejenigen, die für Umsatz sorgen, sondern auch jene, die entscheidende Hinweise geben können, wenn (Teil-) Märkte nicht nach den Vorstellungen der Unternehmensleitung funktionieren. Das bedeutet auch, dass schon beim Recruiting genau hingesehen werden muss, wer hierfür infrage kommt. Die Stellenbesetzung ist entscheidend. Denn Sie wissen ja ... Schnecken hüpfen nicht ...

Tipp 6: Werte – ein Blick über den großen Teich

Zum Schluss geht es nochmals um die Sache mit der Dienstleistungswüste in Deutschland. Wie sieht das woanders aus? Nehmen wir die USA, ein Land, das vielen wirtschaftlich als Vorbild dient. Dort ist der Beruf des »Salesman« ein ehrenhafter Beruf. Da werden Erfolge gefeiert. Da werden Talente ge- und befördert. Da gibt man Verkäufern das, was sie brauchen, um erfolgreich zu agieren. Man räumt ihnen »verkäuferische« Freiheit ein, die sie verdient haben. Verkaufen hat zunächst einmal etwas zu tun mit »Du bist okay und ich bin okay« und mit einer großen Portion Vertrauen. So sollte es auch zwischen Boss und Verkäufer sein. Wie ist das in Ihrem Unternehmen? Werden Sie als Verkäufer so behandelt? Behandeln Sie als Chef Ihre Verkäufer so?

Hier liegt viel Respektpotenzial verborgen. Es geht um Vertrauen, Freiheit und um das menschliche Miteinander. Gibt es in Ihrem beruflichen Umfeld dazu Verbesserungsbedarf? Sie sind Experte darin. Das haben wir schon feststellt. Also nehmen Sie sich wieder ein paar Minuten und schreiben Sie die wichtigsten fünf Verbesserungsmöglichkeiten in den Bereichen auf, die Ihnen spontan einfallen.

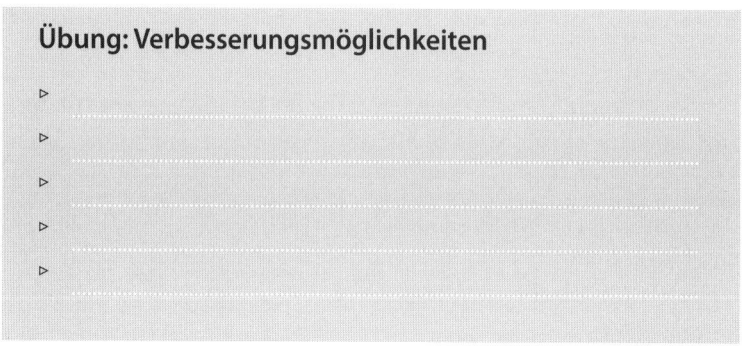

Übung: Verbesserungsmöglichkeiten

An dieser Stelle dürfen Sie sich nun mehr Zeit nehmen. Überlegen Sie, wie Sie jeden dieser Punkte umsetzen könnten. Nehmen wir an, Sie haben beispielsweise »Verkaufserfolge sollen mehr Beachtung finden« auf Ihrer Liste stehen. Machen Sie nun ein Brainstorming, wie das konkret aussehen könnte: Mögliche Ideen wären eine große Pinnwand im Eingangsbereich, auf der jeder Verkäufer mit einem Foto steht. Jeder abgeschlossene Deal wird mit einem Stichwort auf einer Karte notiert, die dann zu dem Verkäufer geheftet wird. Sie wollen es lieber laut? Wie wäre es dann mit einer Glocke im Gang, die der erfolgreiche Verkäufer läuten darf, wenn er einen Deal abgeschlossen hat?

Nach Ihrem Brainstorming suchen Sie sich dann diejenige Idee aus, die sowohl interessant und neu als auch umsetzbar ist, und überlegen, wie Sie vorgehen müssen, damit Sie sie umsetzen können. Gibt es Verbündete? Haben Sie einen Chef, der gern gute Ideen hört? Lassen sich einige Kollegen motivieren? Gibt es einen Ideen-Briefkasten in Ihrer Firma? Falls nicht, dann wäre das doch eine gute Idee. Es gibt viele Möglichkeiten, hier kreativ zu werden.

Und genau das macht auch wahre Verkäufer aus. Sie wissen, wie man Kunden, seien es externe oder interne, richtig bedient. Und sie leisten eine ganze Menge für das Wohlbefinden jedes einzelnen zufriedenen Kunden bis hin zum Unternehmensergebnis. Die Bandbreite reicht von der Wirtschaft bis hin zur Psychologie. Wie viele Berufe kennen Sie, die einen solchen Einfluss haben? Ist das kein Grund, mit Stolz zu sagen, wer Sie wirklich sind? Ein Verkäufer.

Versuchen das doch mal. Stellen Sie sich vor den Spiegel. Erinnern Sie sich an die Punkte, über die wir eben gesprochen haben, und sagen Sie laut zu sich selbst:

> Ich bin ein Verkäufer – und ich bin stolz darauf.

Sie dürfen sich dabei ruhig ein wenig zuzwinkern und stolz sein. Sie sind auf einem guten Weg, der aber hier natürlich noch nicht zu Ende ist. Daher gleich zum nächsten Punkt.

2.3 Kriechen oder Hüpfen – eine Frage der Grundausbildung

Zwei Schnecken wollen über die Straße.
Die eine zur anderen: »Ich gehe jetzt los!«
Darauf die andere: »Bist du verrückt?
In zwei Stunden kommt der Linienbus!«

Dieser Klassiker unter den Kinderwitzen weist auf die Haupteigenschaft von Schnecken hin. Sie sind langsam. Als Metapher spricht man oft von Schneckentempo, wenn beispielsweise der Verkehr stockt. Diese Eigenschaft lässt sich aber auch auf Menschen übertragen, wenn jemand sich nur sehr langsam bewegt. Langsamkeit wurde in den letzten Jahren auch unter positiven Gesichtspunkten diskutiert. Unter dem Begriff Entschleunigung und Work-Life-Balance gibt es vermehrt Konzepte gegen den Stress und das Hamsterrad-Phänomen, die immer mehr um sich greifen. Daher soll eine kleine Geschichte verdeutlichen, was mit Langsamkeit hier gemeint ist. Die Geschichte stammt aus dem alten China und handelt von der Ratte und den vier Katzen. Und sie geht so:

Am Hofe des chinesischen Kaisers hatte der kaiserliche Koch ein großes Problem. In der Küche gab es eine Ratte, die gern heimlich an den Speisen knabberte, die er für den Kaiser so sorgsam zubereitete. Der Koch wusste, dass sein Kopf rollen würde, wenn der Kaiser das je erfahren würde. So musste er sich unbedingt etwas einfallen lassen, um die Ratte loszuwerden.

Er stellte Fallen auf und legte leckere Knabbereien als Köder hinein, um seinem Schädlingsproblem Herr zu werden. Doch die Ratte war ein kluges Tier. Sie zupfte die Köder heraus, ohne die Falle auszulösen. So entkam sie jedes Mal.

Der Küchenkater, der sich ebenfalls das Leben in der Küche schmecken ließ, hatte im Lauf der Jahre ziemlich an Gewicht zugelegt. Auch er war keine echte Hilfe. Wenn er die Ratte sah, quälte er sich aus seinem Korb und setzte zum Sprung an. Es war jedes Mal nur ein kleiner Satz, den er schaffte. Und dennoch verfolgte er sie ein paar Schritte, musste aber einsehen, dass er einfach zu langsam geworden war. Die Ratte war bis dahin schon lange in ihrem Loch verschwunden. Der Kater trottete wieder zu seinem Korb zurück und ließ sich seufzend und schwer atmend hineinfallen.

Der Koch überlegte hin und her, was er denn tun könne. Hilfesuchend wandte er sich an den kaiserlichen Berater. Der musste wissen, was es hier zu tun galt. »Nimm doch die kaiserliche Katze. Sie ist eine Edelkatze und weiß, wie man mit Ratten umzugehen hat«, meinte der Berater. Der Koch war sehr zufrieden mit dem Vorschlag und lockte die Katze mit einem Schälchen Milch in die Küche. Sie war ein wirklich prächtiges Tier, mit langen Haaren und einem glänzenden Fell. Es war schön, ihr zuzusehen, wenn sie schritt und dabei Samtpfote vor Samtpfote setze, den Kopf dabei sehr aufrecht haltend. So saß sie da, als sich die Ratte vorsichtig aus ihrem Loch traute, um in Richtung Speisekammer zu huschen. Die Katze würdigte sie zuerst keines Blickes. Erst als ihr die Ratte zu nahe kam, erhob sie sich und schaute die Ratte an mit einer Mischung aus Verwunderung und Verachtung. Die Ratte konnte ungehindert an der kaiserlichen Katze vorbeilaufen. Als sie weit genug weg war, setzte sich die Katze wieder hin und leckte sich sehr ausgiebig die Pfoten, so als ob nichts gewesen wäre. Der Koch, der dies heimlich beobachtete, wollte seinen Augen nicht trauen. Was sollte er denn nun machen? Er wurde immer verzweifelter. Da kam der Hofjäger und brachte ein erlegtes Reh für den Kaiser. »Was soll ich nur wegen der Ratte tun?«, fragte ihn der Koch ratlos. »Was du brauchst, ist eine junge wilde Katze mit Instinkt und Biss. Und genau eine solche Katze habe ich, die ich dir gern leihen kann.« Gesagt getan. Der Jäger brachte die Katze. Diese war sehr drahtig. Sie hatte scharfe Krallen und ihre wachen Augen schienen alles zu sehen. Bei jedem noch so kleinen Geräusch setzte sie sofort zum Sprung an. »Das ist die Richtige«, dachte der Koch und freute sich, weil er in Gedanken schon die Katze mit der toten Ratte davonspazieren sah.

So wurde es Abend und die Katze pirschte durch die kaiserliche Küche. Als die Ratte aus ihrem Loch kroch, sprang die Katze sofort auf sie zu. Doch die Ratte machte blitzschnell einen Bogen und rannte in Richtung Küchentisch, die Katze hinterher. Kurz vor dem Tisch setzte die Katze zu einem weiteren Sprung an und verfehlte die Ratte erneut, die listig einen kurzen Bogen schlug. Die Katze traf statt der Ratte das Tischbein mit einem solchen Schwung, dass oben eine Schüssel Mehl ins Wanken geriet und mit einem lauten Klirren am Boden zerbrach. Der laute Krach erschreckte die Katze fürchterlich und der Mehlstaub, der sich um sie legte, verhinderte, dass sie noch etwas sehen konnte. Wie wild sprang sie umher und krallte sich überall ein, wo sie meinte, es könnte auch die Ratte sein. Auch im Bein des armen Kochs, der sie nur mit Mühe am Kragen packen und vor die Türe befördern konnte. Nicht nur, dass die Ratte immer noch hier war. Nun sah auch noch die Küche aus wie nach einem Kampf.

Hoffnungslos ließ er sich auf der Türschwelle nieder und rang mit sich bei der Vorstellung, dass sein letztes Stündlein wohl bald geschlagen haben würde. Da kam der kleine Küchenjunge auf ihn zu, dem der Koch richtig leidtat. »Meister, wir haben zu Hause auch eine Katze. Sie ist kein außergewöhnliches Tier. Aber sie hat bisher jede Ratte gefangen, die sich bei uns blicken ließ.« Müde stimmte der Koch zu, obwohl er dem Ganzen keine Chance auf Erfolg einräumte.

So brachte der Küchenjunge die Katze mit. Sie wirkte wirklich sehr gewöhnlich. Eine Katze eben. Als sie in die Küche kam, sah sie sich ein wenig um, schnüffelte hier und da und setzte sich dann ruhig vor das Loch der Ratte. »Wartet sie hier etwa, dass die Ratte freiwillig aus ihrem Loch herauskommt?«, fragte der Koch entsetzt. »Nein, sie jagt«, antwortete der Küchenjunge. »Mir ist nicht mehr zu helfen«, seufzte der Koch und setzte sich wieder auf die Schwelle. Es dauerte ungefähr eine Stunde, bis die Katze zur Türe kam und sich am Koch vorbeischmiegte und nach draußen ging. Als dieser aufsah, entdeckte er, dass die Katze in ihrem Maul die Ratte trug. So ging sie einige Meter vom Haus weg, setzte die Ratte ab. Diese rannte über alle Berge davon. Die Katze drehte um, kam auf den Koch zu, umspielte seine Beine, schnurrte und machte es sich dann in seinem Schoß gemütlich. Über alle Maßen verdutzt fragte er den Küchenjungen: »Wie ist das möglich, dass sie die Ratte fangen konnte?« Darauf antwortete der Küchenjunge: »Warum? Sie ist doch eine Katze!«, und machte sich lächelnd an den Abwasch.

Aus der Geschichte lassen sich vier wertvolle Lektionen über Langsamkeit ziehen:

Lektion 1: Trägheit macht langsam

Die erste Katze, der Küchenkater, hatte sich hoffnungslos überfressen. Er war satt. Und als er dann doch wie früher jagen wollte, ging es nicht mehr per Fingerschnippen. Das ist Trägheit. Sie macht sich zuerst mental breit. Dann greift sie immer weiter um sich, bis es am Ende immer schwerer wird, das Steuer wieder in Richtung sinnvoller Aktionen auszurichten.

Überprüfen Sie bei dieser Gelegenheit doch einmal Ihre eigenen Einstellungen:

> Sind Sie in einigen Bereichen träge oder gerade dabei, träge zu werden?

Das können Sie leicht selbst feststellen. Überlegen Sie, wo es in Ihrem Leben ausreicht, 75 Prozent zu geben, weil vielleicht momentan nicht genügend Kunden da sind, es nicht genügend Arbeit für das ganze Team gibt. Fünf Minuten dürften hier genügen. Als Peilsender hören Sie hier auf Ihr inneres Gefühl. Das zeigt Ihnen ganz genau, wo Sie nicht die Leistung bringen, die Sie eigentlich bringen sollten.

Übung: 75 Prozent sind genug:

▷ ....

▷ ....

▷ ....

▷ ....

▷ ....

Nun sehen Sie sich die Situationen an und seien Sie ehrlich. Geben Sie dort 75 Prozent Ihrer Leistung? Reichen gar 60? Oder geben Sie die vollen 100? Wenn Sie jetzt sagen, die 100 Prozent wären Verschwendung, dann sind Sie in der Effizienz-Falle gefangen. Dieses Denken, das seinen Siegeszug in der japanischen Autoindustrie begann und mittlerweile zu jedem Management-Werkzeugkasten gehört, führt dazu, dass Prozesse verwaltet und fortgeführt werden können. Für Innovation oder auch für Risiko bleiben kaum Reserven übrig. Doch genau hier, in den letzten 25 Prozent, liegt das Potenzial des wahren Verkäufers. In dieser Region entscheidet sich, welcher Großkunde wechselt oder bleibt, wo gekauft wird. Die Luft hier ist dünn, zugegeben. Und genau deswegen hat Trägheit hier nichts verloren.

Lektion 2: Fehlender Instinkt führt zu nichts

Die zweite Katze, die Edelkatze des Kaisers, wusste mit der Ratte überhaupt nichts anzufangen. Sie reagierte mit Ekel und Furcht und wusste nicht, was sie tun sollte. Das lange Leben am Hof hatte ihren Jagdinstinkt vollkommen außer Kraft gesetzt. So sieht Trägheit aus, wenn sie sich tief hineingegraben und breitgemacht hat. »Das ist doch nur ein Märchen«, mögen Sie jetzt denken. Aber wie ist das mit den ganzen Titeln vom Vertriebsleiter, dem Kundenbetreuer

und anderen? Spricht hier noch der Verkäufer oder ist er schon ent-
rückt in höhere Gefilde? Kann Ihr Chef noch Kunden akquirieren?
Tut er es auch noch heute und morgen? Tun Sie es noch?

> Haben Sie noch den Riecher, den Instinkt, den jeder gute
> Verkäufer hat?

Sind Sie geübt im Ansprechen von Kunden oder verwalten Sie schon
zu lange Kundendaten oder leiten Teams, die das für Sie beziehungsweise Ihr Unternehmen machen? Falls das so sein sollte, denken Sie
an die Katze. Irgendwann verlieren Sie Ihren Instinkt, der Sie erst in
diese verantwortungsvolle Position gehoben hat. Und wenn Sie sich
zu lange auf Ihren Erfolgen ausruhen, haben Sie vergessen, wie es geht.
Aber keine Sorge. Wir sind hier, um genau diesen Instinkt, Ihr Bauchgefühl, wieder aufzuwecken und zu trainieren, Schritt für Schritt.

Lektion 3: Aktionismus hilft auch nicht weiter

Die dritte Katze, die junge Wilde, machte das Gegenteil der beiden ersten Katzen. Sie war agil, sprang auf alles, was sich bewegte
oder ein Geräusch von sich gab. Und dennoch scheiterte sie. Wes-
halb? Zum einen war sie zu reaktiv. Das heißt, dass sie ihr Verhalten
rein von ihrer Umwelt abhängig machte. Sie war von außen gesteu-
ert und machte sich selbst keine Gedanken über Sinn und Unsinn
ihres Tuns. Sie war zu wenig bei sich, sondern nur bei den Geräu-
schen um sie herum. Ihre Sinne waren zwar geschärft. Ihre Instinkte waren stark. Das unterscheidet sie von der zweiten Katze, aber
sie waren nicht geschult. Sie wusste nicht, auf welche Geräusche
sie sich konzentrieren sollte. Zum anderen war sie sehr aktionis-
tisch. Viele Reize führen automatisch zu vielen Handlungen. Und
das führte zu einer Überbeanspruchung und schließlich zum Miss-

erfolg. Es fehlte ihr einfach die Erfahrung, worauf sie sich ausrichten sollte.

Kennen Sie das? Wenn man mit einer Situation konfrontiert ist, die man nicht kennt und man auch kein Lösungsschema bereit hat, verfällt man gern in Aktionismus. Das ist so, als ob man in Treibsand gerät und nach allem greift, was man zu fassen bekommt, um wieder sicheren Boden unter den Füßen zu kriegen. Verzweiflung spielt hier eine große Rolle. Und das ist keine gute Voraussetzung für Erfolg.

> Kunden haben ein sehr gutes Gespür dafür, ob Sie einen Abschluss zu erzwingen versuchen, ob Sie ihn brauchen.

Wenn dem Kunden nach dem Mund geredet wird und wenn Sie sogar Manipulationstechniken, die heute weite Verbreitung gerade in dieser Branche gefunden haben, verwenden, ist langfristiger Erfolg nicht möglich, weil diesen kurzfristigen Handlungen ein paar wesentliche Dinge fehlen. Kommen wir damit zur letzten Lektion.

Lektion 4: Selbstverständnis siegt

So, jetzt kennen Sie schon das Geheimnis der vierten Katze, die auf den ersten Blick so gewöhnlich schien. Stimmt, sie sah aus wie eine normale Katze und mit der Ratte im Maul zeigte sie es auch allen, dass sie macht, was richtige Katzen eben gut können: leises Pirschen und blitzschnelle Reflexe und am Ende eine Ratte. Es ist ihr Selbstverständnis, ihr Wissen, dass sie eine Katze ist, das sie erfolgreich macht. Selbstverständnis führt in den Handlungen nämlich zu Selbstverständlichkeit. Sie jagt jeden Tag, weil es ihrer Natur entspricht. Daher bekommt sie etwas sehr Wertvolles: Praxis. Sie gibt ihr Übung und wertvolle Erfahrungen, wie beispielsweise das Anpassen an andere Beutetiere oder das Jagen mal im Haus, mal im Feld. Das wiederum verleiht der Katze Sicherheit und eine ruhige und gewinnende Ausstrahlung, weil sie weiß, dass sie auch in neuen Situationen in der Lage ist, ihre Fähigkeiten erfolgreich anzuwenden. Das ist das genaue Gegenteil zum Aktionismus der dritten Katze. Sie hatte noch keine Erfahrung und keine Konzepte. Daher stürmte sie einfach drauflos und stiftete damit nur Verwirrung. Ihr fehlten das Selbstverständnis und die damit einhergehende Ruhe. Damit hätte sie ihre Geschwindigkeit und ihre wachen Instinkte zu ihrem Vorteil einsetzen können.

Die Sicherheit, welche die vierte Katze durch ihre Praxis gewann, darf hier nicht als Trägheit oder Unwissenheit missverstanden werden. Dies haben die ersten beiden Katzen vorgemacht. Die erste Katze hatte einfach zu wenig Praxis. Sie wusste schon noch, was sie machten musste, aber die Übung fehlte ihr einfach. Die zweite Katze hingegen hatte noch nie Jagdpraxis gesammelt, geschweige denn, dass sie je vom Jagen oder von Ratten gehört hätte. Da sie somit über kein relevantes Konzept verfügte, blieb sie einfach sitzen. Das mag auf einen ungewohnten Beobachter sicher arrogant wirken, ist aber in Wirklichkeit große Unsicherheit. Das können Sie selbst testen bei vielen Menschen, die Ihnen als arrogant erscheinen. Die meisten sind in Wirklichkeit schüchtern und wissen schlicht nicht, wie sie in der Situation richtig reagieren sollen.

Es geht darum, dass die Handlungen bewusst und mit Bedacht durchgeführt werden. Dann erst kann sich der Jagdinstinkt richtig entfalten. Überflüssige Bewegungen entfallen und die Katze wird zum effizienten und erfolgreichen Jäger. So kann sie ruhig bleiben, weil sie weiß, wann sie springen muss.

»Früh übt sich, was ein Meister werden will.«

(Wilhelm Tell)

Friedrich Schiller lässt seine Figur, einen Meister im Bogenschießen, das Geheimnis auf den Punkt bringen: Es geht um Übung. Sie hilft aus der Trägheitsfalle heraus und macht Sie fit für Ihre Berufung. Und für Übung wird hier gesorgt. Mehr sogar. Es liegt Ihnen mit diesem Buch eine Grundausbildung vor, die Ihnen hilft, die notwendigen Schritte zu gehen, damit Sie zum wahren Verkäufer werden mit einer Selbstverständlichkeit, wie sie oben erklärt wird.

Im Kern besteht sie aus dem ISP-Modell (Intuitive Sales Program). Es dient zur Verkaufsoptimierung und hilft bei der Zielsetzung, Erfolgsmessung und systematischen Verbesserung der Akquise. Das ist kein Hexenwerk, sondern ein solides Handwerk, das zudem sogar Spaß machen kann. Es ist eine Schulung für Ihren Verkäuferinstinkt. Und wer weiß – vielleicht wird aus einem gut ausgebildeten Verkäufer bald ein Top-Verkäufer!

Dafür müssen, nein dürfen, Sie sich bewegen und die Übungen mitmachen. Das Buch liefert nämlich keine »theoretische« Ausbildung. Im Gegenteil, hier geht es um die Praxis. Hier geht es um proaktive Aktionen, um Systematiken, Kontinuität und um Geschwindigkeit. Denn Geschwindigkeit erreichen Sie durch Fleiß, Erfolge und flexible Routine. Die zahlreichen Übungseinheiten, die über das ganze Buch verstreut sind, helfen Ihnen dabei. Es geht um Spaß, Leidenschaft, Ernsthaftigkeit und strukturierte Leitfäden für Praktiker. Erprobtes Wissen aus der Praxis – von Praktikern für Praktiker.

2.4 Schnecken sind ... Schnecken eben – und keine Verkäufer

Eine Schnecke kriecht im Winter einen Kirschbaum hoch.
Kommt ein Vogel vorbei und fragt: »Was machst du denn da?«
Die Schnecke: »Ich will Kirschen essen.«

»Aber da hängt doch nichts dran!«, sagt da der Vogel.
»Wenn ich oben bin, schon«, antwortet die Schnecke.

Schnecken kriechen. Warum eigentlich? Na, weil sie Schnecken sind und es in ihrer Natur liegt, sich langsam fortzubewegen. Daher macht es ihnen, wie im eben dargebotenen Witz, nichts aus, wenn sie länger brauchen, bis sie ihre Ziele erreichen. Sie haben ihr eigenes Weltbild, das aus mehreren Komponenten besteht.

Zeit spielt darin keine Rolle. Daher ist das langsame Tempo auch kein Problem. Hierin unterscheiden sich Schnecken deutlich von der vierten Katze aus dem Märchen. Die Katze wirkt nach außen auch manchmal langsam und zwar immer dann, wenn es nichts zu jagen und springen gibt. Im richtigen Moment aber entfaltet sie ihre Kraft und springt oder packt die Ratte. Nicht so die Schnecke. Die lebt das Prinzip der Langsamkeit zu 100 Prozent. Auf dem langen Weg findet sich immer mal ein Blatt Salat, Gemüse oder eben ein Kirschbaum. An ihrem Tempo wird sie allerdings nichts ändern, auch wenn sie vielleicht gern möchte.

Im Weltbild von Schnecken spielt ihr Haus, das sie ständig mit sich herumtragen, eine wichtige Rolle. Bei Gefahr können sie sich dorthin zurückziehen und sind sicher. Das ist sehr nützlich. Dass Schnecken dabei auch auf Lichtveränderung reagieren und sich sehr schnell in ihr Haus zurückziehen, kennt jeder Leser, der als Kind gern draußen gespielt hat. Das entspricht ein wenig der wilden Katze, die vollkommen auf ihre Umwelt fokussiert war und dabei ihre eigene innere Ruhe verloren hatte.

All das macht Schnecken nichts aus, weil es für sie in Ordnung ist, dass sie so sind, wie sie sind. In ihrem Weltbild ist es in Ordnung, schon im Winter loszukriechen, um im Sommer oben anzukommen. Das ist umsichtig, geplant und auch weise … Für Schnecken, weil Schnecken eben Schnecken sind. Sie wissen das und versuchen daher gar nicht, einen Baum hochzulaufen oder -zuspringen.

Goethe bringt hier zwei unverzichtbare Bestandteile für Erfolg auf den Punkt:

> »Es ist nicht genug, zu wissen, man muss auch anwenden; es ist nicht genug, zu wollen, man muss auch tun.«
>
> (Johann Wolfgang von Goethe)

Erste Erfolgskomponente: Wissen Sie, wer Sie sind!

Haben Sie bemerkt, dass dies keine Frage ist, sondern eine Aufforderung?

> Finden Sie heraus, ob Sie eine Schnecke sind oder ein Verkäufer.

Überprüfen Sie doch einfach mal Ihre innere Einstellung zum Verkaufen. Wollen Sie das wirklich? Setzen Sie sich hin und nehmen Sie sich wieder ein paar Minuten Zeit. Die folgende Übung unterscheidet erfolgreiche Menschen im Allgemeinen und Verkäufer im Speziellen ganz stark von allen anderen.

Jetzt dreht es sich um Ihre Berufsbilanz. Zuerst geht es um die linke Spalte, die Pro-Seite. Denken Sie zuerst an die guten Seiten wie Provisionen, Firmen-PKW, iPhone, Laptop, Spesen, freie Zeiteinteilung etc. Denken Sie an die erfreuten Gesichter zufriedener Kunden, daran, wie Sie die Produkte Ihres Unternehmens an den richtigen Mann und die richte Frau bringen. Notieren Sie die Innovationen, die Sie getätigt haben, was Sie geleistet haben und leisten wollen. Schreiben Sie alles auf, was Sie am Verkaufen und am Verkäufer-Sein fasziniert. Kommen Sie ruhig ins Schwärmen. Das kurbelt den Schreibfluss an und befördert viele interessante Informationen aus dem Unterbewussten auf das Papier.

Nun geht es an die rechte Seite, auf der Sie die Schattenseite des Verkäufer-Daseins notieren. Denken Sie daran, dass Sie mindestens 220 Tage auf der Straße sind, auf der Suche nach potenziellen Neukunden. Denken Sie an Absagen, Beleidigungen und an Widerstände. Denken Sie an den Druck vom Vertriebsleiter, der Abschlüsse sehen will, den Druck vom Konzern, den Druck vom Kunden und den Druck von den Kollegen, die oftmals Konkurrenten um Boni oder gar die Stelle sind. Und vergessen Sie nicht den Druck von der Familie, weil Sie immer so unkalkulierbar nach Hause kommen. Geben Sie Ihren Ängsten hier noch einmal Raum, Ihren Bedenken und Ihren Vorurteilen. Sie alle sind Thema dieses Kapitels gewesen und sie haben ein Recht darauf, in der rechten Spalte niedergeschrieben zu werden. Denn sie sind auch Teil Ihrer Einstellung. Seien Sie ehrlich, seien Sie direkt und laut. Es nützt Ihnen nichts, wenn Sie hier verkünstelt oder höflich schreiben. Sie tun das für sich und wollen ein ehrliches Bild der Lage zeichnen.

Wenn Sie die beiden Seiten gefüllt haben, legen Sie bitte Ihren Stift beiseite, lehnen sich zurück und lassen die Liste auf sich wirken. Jetzt geht es um darum, Bilanz zu ziehen. Was denken Sie über die beiden Seiten? Sind sie ausgewogen oder übertrifft eine Seite die andere? Wägen Sie ab, welche Seite mehr Bedeutung hat, die positive oder die negative. Geben Sie sich dafür unbedingt ein paar Minuten Zeit.

Wenn Sie so weit sind, dann treffen Sie JETZT eine Entscheidung für eine der beiden Seiten! Nagen noch Zweifel an Ihnen? Überzeugen Sie Ihre Argumente auf der linken Seite nicht? Gibt es noch einige starke Widerstände? Zögern Sie innerlich noch? Seien Sie ehrlich. Das bringt Sie, wenn auch über einen kleinen Umweg, näher an den wahren Verkäufer heran, als wenn Sie sich bei diesem Punkt selbst anlügen. Falls die rechte Seite einfach stärker und plausibler wirkt, haben Sie zwei Möglichkeiten. Entweder Sie haben erkannt, dass der professionelle Vertrieb nichts für jedermann ist und Sie kein Verkäufer sind oder es nicht ernsthaft – mit Herzblut! – werden wollen.

Dann legen Sie mein Buch zur Seite und verfolgen den Weg, der Ihnen mehr am Herzen liegt. Oder Sie geben nicht auf und notieren, welches aus Ihrer jetzigen Sicht die Knackpunkte sind, an denen Ihr Ja zum Verkäufer-Sein scheitert. Gehen Sie noch einmal Ihre Mitschriften der Übungen durch, die Sie bis hierher gemacht haben. Dort werden Sie entweder die Lösungsansätze finden, vielleicht in einer kleinen Randnotiz, oder Sie wiederholen einzelne Übungen mit ihren Knackpunkten. Dann kommen Sie zurück zur Bilanz und entscheiden erneut. Sehen Sie das nicht als Strafrunde, im Gegenteil. Diese zusätzliche Reflexionsschleife bringt Sie noch näher zu sich und Ihrer wahren Natur. Außerdem trainieren Sie so Ihren Erfolgswillen und zeigen Biss, all das sind Tugenden der vierten Katze. Sie erinnern sich, wer am Ende den Jagderfolg hatte?!

Berufsbilanz	
Pro	**Kontra**

Überwiegt die linke Seite? Wollen Sie Verkäufer werden beziehungsweise bleiben? Seien Sie ganz ehrlich zu sich, denn nur eine aufrichtige Entscheidung ist eine starke Entscheidung.

> Spüren Sie das JA in sich?
>
> Ist es stark und bedingungslos?
>
> Will es raus?

Dann nehmen Sie einen roten Stift und malen Sie es in großen Buchstaben unter die linke Seite. So fühlen sich echte Entscheidungen an. Sie dürfen sich nun ruhig ein wenig zurücklehnen und genießen.

Zweite Erfolgskomponente: Sagen Sie »Action!«

Mit einer starken Entscheidung als Fundament brauchen Sie noch Aktion, um Erfolg in die Tat umzusetzen. Und unser Wunsch, Erfolg zu haben, ist beinahe so groß wie unser Bedürfnis, zu atmen. Vor allem ist Erfolg nichts Unnatürliches. Erfolg ist weitaus machbarer und natürlicher, als die meisten Menschen denken. Erfolg ist der Mut, große Träume und Potenziale, die wir alle bereits in uns tragen, zu verwirklichen – ihnen Raum zu geben. Seien Sie mutig. Machen Sie sich mit dem Ort des Erfolges vertraut.

> Beginnen Sie jetzt!

Es gibt viele tolle Gespräche mit vielen guten Ideen am runden Tisch. Und die Ergebnisse werden dann auf die lange Bank geschoben. Das ist nicht zu reparieren. Nicht zu verzeihen. Wir besitzen die Gelassenheit, darüber zu diskutieren, ob es Sinn macht, einen potenziellen Neukunden anzurufen! Dabei sitzt der schnelle, bissige und fleißige Verkäufer der Konkurrenz bereits im Büro Ihres Kunden.

Das, was wir geben, bekommen wir zurück. Also geben Sie immer ALLES, was Sie können. Wenn Sie wirklich Erfolg haben wollen, dann müssen Sie täglich trainieren. Nein, dann wollen Sie jeden Tag trainieren, ihr Handwerkszeug immer besser kennen und beherrschen. Vor allem auch neue Werkzeuge kennen und den Umgang damit erlernen. Hier wird Ihnen das Buch mit dem ISP-Modell ein wertvolles System liefern. Und Sie werden am Ende auch nie vergessen, dass letztlich nicht Technik, sondern Menschlichkeit und Wohlwollen Ihrem Kunden gegenüber echten Verkaufserfolg bescheren wird.

Zusammenfassung

- **Verkäufer sind wichtig!** Sie nehmen eine Schlüsselfunktion in der Wirtschaft ein. Sie vermitteln Kunden und Produkte beziehungsweise Dienstleistungen. Sie sind es, die für Wachstum sorgen und den Geldkreislauf in Schwung halten, nicht die Produktionsabteilungen, nicht die Forschungs- und Entwicklungseinheiten und auch nicht der Finanzbereich. Der Verkauf ist der zentrale und entscheidende Bereich.

- **Verkaufen kann nicht jeder!** Es ist ein Handwerk, das man erlernen muss. Es liest auch keiner ein paar Bücher über Chirurgie und schaut Emergency Room und behauptet danach, er sei Arzt.

- **Seien Sie stolz darauf, ein Verkäufer zu sein!** Wer sich vor Kunden verbiegt und vorgibt, ganz etwas anderes zu sein, der lenkt nicht nur von seinem Angebot ab, sondern auch von sich. Wie sollen Kunden ahnen, dass Sie genau der Richtige sind, der nicht nur berät, sondern auch einen fairen und guten Deal generieren kann, wenn Sie sich hinter Titeln und Ihrer Angst verstecken, der zu sein, der Sie sind.

- **Seien Sie mutig, gehen Sie es JETZT an!** Zu Selbstreflexion hatten Sie in diesem Kapitel ausreichend Zeit und Raum. Die Notizen, die Sie sich gemacht haben, werden ein wertvoller Begleiter sein. Stöbern Sie immer wieder darin. Und gehen Sie jetzt Ihren Weg weiter. Gehen Sie raus. Rufen Sie einen Kunden an oder am besten gleich fünf. JETZT!

Kapitel 3:
Die Verkäufer-Persönlichkeit

Wenn es um die Rolle und die Bedeutung der Verkäufer-Persönlichkeit geht, gibt es ganz unterschiedliche Sichtweisen, was darunter zu verstehen ist.

Von seiner ursprünglichen Wortbedeutung her hat Persönlichkeit etwas mit Größe zu tun. So sprach man von Feldherren, berühmten Politikern und anderen Anführern gern von »großen Persönlichkeiten«. Sie leisteten Außergewöhnliches und haben durch Mut, Fleiß und Witz oftmals die Geschicke der Geschichte maßgeblich beeinflusst. Denken Sie nur an Julius Cäsar, Alexander den Großen oder Napoleon Bonaparte. Diese Männer erschufen fast im Alleingang ganze Weltreiche, deren Auswirkungen wir bis in die heutige Zeit deutlich spüren. Persönlichkeit wird aber nicht nur erfolgreichen Militärstrategen zugeschrieben, sondern auch erfolgreichen Politikern und Menschen, die das Gesicht ihrer Zeit und Gesellschaft geprägt haben. So wurde nach Queen Victoria von England ein ganzes Zeitalter benannt. Mahatma Gandhi, dessen gewaltloser Widerstand das Ende der englischen Vorherrschaft in Indien einläutete, gilt natürlich auch als außergewöhnliche Persönlichkeit. Im Verkaufsjargon lässt sich der übermäßige Gebrauch von Superlativen auf diese Bedeutung von Persönlichkeit zurückführen. Wie oft haben Sie schon von Power-, Guerilla- und anderen Super-Verkäufern gehört? Haben Sie sich einmal Gedanken gemacht, was diese Verkäufer auszeichnet? Sind es immer die Verkaufszahlen, die erfolgreichen Abschlüsse, die in den Mittelpunkt gerückt werden? Oder ist oft viel

Show dabei, die dazu dient, sich selbst auf einen Sockel zu heben, um andere zu blenden und abzulenken von allem Möglichen?

Dies wirft die berechtigte Frage auf, ob mit Verkäufer-Persönlichkeit nicht etwas anderes gemeint sein könnte. Denn um das Blenden ging es in der ursprünglichen Bedeutung natürlich nicht. In ihrer zweiten Bedeutung meint Persönlichkeit denn auch die Ausprägung bestimmter Merkmale, die in ihrer Gesamtheit aus Menschen etwas Besonderes gemacht haben. In den Sozialwissenschaften, allen voran Psychologie und Soziologie, spricht man daher oft von Kompetenzen. *Kompetenz* leitet sich von dem lateinischen Verb competere ab und bedeutet so viel wie zutreffen, wetteifern und zu etwas fähig sein. In der Motivationspsychologie werden damit Fertigkeiten bezeichnet, die nicht vererbt werden, sondern die sich jeder Mensch selbst aneignet. Dies ist ein wichtiger Punkt. Denn:

> **Kompetenzen sind lernbar und ausbaufähig – wenn Sie das WOLLEN.**

Im Folgenden geht es also darum, diejenigen Kompetenzen anzusprechen, die Ihnen als Verkäufer besonders hilfreich sein werden. Dabei werden drei Klassen von Kompetenzen unterschieden, nämlich Persönlichkeits-, Sozial- und schließlich Fach- und Methodenkompetenz. Da es um Ihren Lernerfolg als Verkäufer geht, werden nun Schritt für Schritt zu jeder Klasse die zentralen Einzelkompetenzen erläutert. Im Anschluss daran finden Sie immer Übungen, damit Sie diese Kompetenzen für sich trainieren können. Am Ende haben Sie dann Ihr persönliches Bündel an verkäuferspezifischen Kompetenzen erworben. Sie müssen dafür weder viel Literatur wälzen noch das klassische Versuch-und-Irrtum-Lernspiel, wie es einem in der Praxis oft nicht erspart bleibt, spielen. Der Kern der für den Verkaufserfolg wesentlichen Kompetenzen liegt Ihnen vor. Was Sie tun müssen, das kann Ihnen kein Buch der Welt und auch kein Trainer, Berater oder auch der beste Freund abnehmen und das ist: lernen. Nehmen Sie sich die Zeit für diesen Abschnitt. Es sind nämliche Ihre Kompetenzen, die es hier zu schulen gilt. Und, bereit dafür? Dann kann es ja losgehen.

3.1 Persönlichkeitskompetenzen

Hierbei handelt es sich um Kompetenzen, die den Träger selbst betreffen. Es geht um die individuelle Haltung zu sich und zur Umwelt im Allgemeinen und auch um die Einstellung zur Arbeit im Speziellen. Drei Einzelkompetenzen sind für Verkäufer besonders wichtig:

Optimismus

Den Spruch mit dem halb vollen Glas kennt heute jedes Kind. Jeder weiß, wie wichtig Optimismus, die positive Haltung dem Leben gegenüber, ist. Und dennoch: Sicher lesen Sie frühmorgens Ihre Zeitung, hören Radio, wenn Sie ins Büro oder zum ersten Kunden fahren. Wenn man von Finanzmarktkrisen, Kriegen und schlechten Meldungen förmlich bombardiert wird, ist es oft gar nicht so leicht, positive Entwicklungen auszumachen. Aber wissen Sie, was? Auch Ihre Kunden hören Nachrichten. Auch sie haben es danach nicht leicht, sich auf Positives zu konzentrieren. Ist das als Aufruf zur Medienverweigerung zu verstehen, ein Aufruf, dass Sie sich von Nachrichten abschotten? Im Gegenteil. Zum einen müssen Sie auf dem Laufenden bleiben. Tun Sie das nicht, können Sie morgen bereits nicht mehr mit Ihrem Kunden auf Augenhöhe sprechen. Zum anderen sind Sie hier besonders gefragt:

> Bringen Sie gute Stimmung zum Kunden mit und überzeugen
> Sie mit guter Laune und Ihrem Produkt.

Wenn Sie es schaffen, Ihren Kunden aus diesem Negativfokus herauszuholen, wird er Ihnen sehr dankbar sein, denn das kommt nicht alle Tage vor. Dass Sie sich und Ihr Produkt beziehungsweise Ihre Dienstleistung damit leichter positionieren können, muss an dieser Stelle wohl nicht extra betont werden. Zudem hilft Ihnen eine optimistische Grundhaltung in erster Linie selbst. Sie gehen leichter durchs Leben, nehmen Absagen gelassener und schleppen nicht den ganzen Ballast dieser Welt mit sich herum.

Damit Sie Ihre Optimismus-Kompetenz trainieren können, machen Sie doch folgende Übung:

Suchen Sie sich jeden Tag fünf positive Meldungen zum aktuellen politischen oder gesellschaftlichen Geschehen heraus: Gibt es beispielsweise ein soziales Projekt in Ihrer Stadt oder Ihrem Wohnort, das erfolgreich begonnen wurde? Hat die Bürgerinitiative den neuen Spielplatz mit Spendengeldern errichtet? Haben Kinder der örtlichen Schule erfolgreich ein Projekt »Jung trifft Alt« mit dem Seniorenheim ins Leben gerufen? Hat der Bundestag Steuervergünstigungen beschlossen? Oder gibt es irgendwo auf der Welt einen Friedensvertrag? Werden Sie kreativ und führen Sie Listen über Ihre Rechercheergebnisse. Sie werden sehen, diese Listen lesen sich nach längerer Zeit immer noch wohltuend und helfen Ihnen in Zeiten, in denen es Ihnen ansonsten nicht danach ist, optimistisch zu sein.

Selbstwertgefühl

Was denken Sie über sich selbst? Halten Sie sich für einen Verkäufer? Nachdem Sie Kapitel zwei sicherlich schon ausführlich durchgearbeitet haben, kann die Antwort nur »Ja!« heißen. Was Sie dort trainiert haben, ist Ihr Selbstwertgefühl. Es ist sozusagen Ihr Selbstverständnis als Verkäufer. Es ist Ihr Stolz und auch Ihr Berufsethos.

Sie können es testen. Warten Sie darauf, bis Sie auf einer Veranstaltung oder im privaten Bereich das nächste Mal nach Ihrem Beruf gefragt werden. Was werden Sie sagen? Werden Sie die Geschichte vom Vertriebs- oder Marketingleiter erzählen? Oder sagen Sie Ihrem direkten Gesprächspartner leise oder vor einer ganzen Gruppe Menschen laut, dass Sie Verkäufer sind – mit einem klaren Selbstverständnis und vielleicht einem Tick Stolz in Ihrer Stimme?

Dann dürfen Sie sich an dieser Stelle selbst gratulieren. Selbstwertgefühl ist eine der zentralen Kompetenzen für erfolgreiche Verkäufer und sie ist besonders schwer zu erlernen.

Machen Sie sich also nichts daraus, wenn Sie immer noch ein wenig Zweifel in sich verspüren. Blättern Sie doch noch einmal das zweite Kapitel durch und lesen Sie, was Sie dort in Ihr Buch geschrieben haben. Vielleicht finden Sie die eine oder andere Übung, die Sie wiederholen oder vertiefen möchten.

Selbstdisziplin

Das Wort *Disziplin* gehört sicherlich nicht zum Lieblingswortschatz der meisten. Aber erinnern Sie sich an eins:

Verkaufen ist nichts für Weicheier.

Diese Aussage kennen Sie bereits. Und sie gilt unbedingt. Wer an einem schwierigen Tag mit zwei Dutzend Absagen und vielleicht keiner einzigen Zusage zurechtkommen muss, braucht unbedingt Selbstdisziplin. Sie ist nötig, um zum einen die Zuversicht nicht zu verlieren, dass sich das Blatt wieder wenden muss, wenn man die richtigen Dinge tut. Zum anderen hilft sie dabei, weiter anzupacken. Schauen Sie sich noch einmal die Persönlichkeit im Kapitelanfang an. Das ist Selbstdisziplin, das ist wahrer Einsatz.

> **Wofür kämpfen Sie?**
>
> **Für und um Ihre Kunden!**

Was tun Sie also: Ein bisschen blättern im Telefonbuch oder Ihre Adresskartei neu sortieren? Führen Sie ein paar Telefonate mit niedergeschlagener Stimme und dem Bewusstsein, dass Sie wieder eine Absage bekommen werden?

Das sind alles Alibi-Handlungen, die nichts mit Selbstdisziplin zu tun haben, weil sie alle zutiefst mit Selbstzweifeln behaftet sind. In einer solchen Situation nehmen Sie sich bitte eine Auszeit. Gehen Sie spazieren, schauen Sie sich einen Film an oder machen Sie etwas mit Ihrer Familie. Es ist wichtig, dass Sie den Kopf frei bekommen. Ansonsten reihen Sie unnötigerweise Misserfolg an Misserfolg. Das ist, als ob man in die falsche Richtung fährt und noch zusätzlich Gas gibt, weil man weiß, dass es die falsche Richtung ist.

> **Selbstdisziplin bedeutet auch, stehen zu bleiben, die Richtung zu korrigieren und dann weiterzumachen.**

Somit ist Verkaufen nichts für Weicheier und gleichzeitig aber auch nichts für Leute, die sich für einen ICE halten, der glaubt, er muss ungebremst durch jede Wand donnern. Finden Sie das für Sie richtige Maß und Sie finden den Weg zu Ihrem nachhaltigen Erfolg.

3.2 Sozialkompetenzen

Bei Sozialkompetenzen steht die Gestaltung erfolgreicher Beziehungen zu anderen Menschen im Vordergrund. Man spricht in diesem Zusammenhang häufig auch von Empathie, Intuition oder Bauchgefühl. Alle diese Bezeichnungen stehen für Fertigkeiten, die jedem Einzelnen helfen, soziale Situationen in Bruchteilen einer Sekunde richtig einschätzen zu können. Zwei Kompetenzen aus diesem Bereich sind für Verkäufer besonders wichtig, nämlich Empathie und Kontaktfreudigkeit. Diese werden Ihnen große Dienste bei der Akquise erweisen.

Empathie

Sie kennen sicher Verkäufer, die bekannt sind für ihren »guten Riecher« oder ihren »starken Instinkt« für Kunden, Deals, Chancen und so weiter.

Was ist das Erfolgsgeheimnis?

Ein ausgeprägtes Bauchgefühl.

Ihr Bauch verrät Ihnen sehr viel. Haben Sie schon einmal darauf geachtet, wie er schon bei der Begrüßung am Telefon oder beim Kunden vor Ort ein gutes oder ungutes Gefühl vermittelt? Er erfasst blitzschnell die Gesamtsituation. Hier kommt es aber häufig zu Verwechslungen: Wenn Sie aufgeregt oder müde sind oder sogar noch private Sorgen mit sich herumtragen, funktioniert dieses feinsinnige Instrument nicht so verlässlich. Wichtig ist daher, dass Sie mit einer an sich positiven Grundstimmung den Telefonhörer in die Hand nehmen. Hier sind übrigens die Übungen aus dem zweiten Kapitel sehr hilfreich, die Sie hoffentlich schon fleißig ausprobiert haben.

Die folgende Übung kann Ihnen helfen, Ihr »Bauch-Radar« zu verfeinern:

Setzen Sie sich vor jedem Telefonat kurz hin, sammeln Sie sich und atmen Sie dreimal bewusst tief durch. Dann denken Sie kurz an Ihr bevorstehendes Gespräch und achten Sie darauf, welches Gefühl sich dabei einstellt. Ist es positiv? Wunderbar! Dann greifen Sie gleich zum Hörer und nehmen Sie dieses Grundgefühl mit in Ihr Gespräch.

Ist das Gefühl vage bis negativ, dann gehen Sie kurz das Gespräch nochmals in Gedanken durch. Haben Sie alle wichtigen Fakten zusammengetragen? Wissen Sie genug über Ihren Kunden? Oder ist es einfach das Mittagessen, das Ihnen noch schwer im Magen liegt? Wichtig an dieser Stelle ist, dass Sie es nicht übertreiben. Sie wollen und sollen telefonieren. Seien Sie also ein wohlwollender Beobachter Ihres Bauchgefühls. Wenn Sie es regelmäßig beobachten, wird es ein wertvoller Ratgeber und ein verlässlicher Melder, falls Sie einmal etwas vergessen oder übersehen haben sollten. Nicht umsonst stellt es auch den Kern des ISP-Modells dar, das Sie im fünften Kapitel ausführlich kennenlernen werden.

Kontaktfreudigkeit

Ein schüchterner Verkäufer klingt fast so wie ein Seiltänzer mit Höhenangst oder ein Koch mit Lebensmittelallergie. »So etwas gibt es doch nicht wirklich«, werden Sie denken. Aber Schüchternheit gibt es nicht nur in ihrer starken Ausprägung, bei der sich Betroffene niemanden anzusprechen trauen, sondern in vielen unterschiedlichen Facetten.

Es kann sein, dass Menschen sich kommunikativ und sozial zurückzuziehen beginnen, wenn sie zu viele Enttäuschungen erlebt haben.

So kann es auch Verkäufern gehen, die eine Phase ohne Abschlüsse durchmachen. Hier heißt es, wach und aufgeschlossen zu bleiben. Ein Rückzug verschlimmert die Situation nur und kann in eine Abwärtsspirale führen.

Kontaktfreudigkeit ist diejenige Kompetenz, die hier am besten vorbeugt. Wenn Sie offen sind, signalisieren Sie, dass Sie ansprechbar sind. Das gilt nicht nur für die spezielle Situation der Kundenakquise, sondern ganz generell: im Supermarkt, beim Gassi-Gehen mit Ihrem Hund, an der Haltestelle und sogar im Wartezimmer Ihres Zahnarztes. Machen Sie es sich zur Gewohnheit, dass Sie Menschen ansprechen und Sie für Gespräche offen sind. Nicht nur, dass sich daraus interessante persönliche wie berufliche Kontakte knüpfen lassen und Sie Geschichten zu hören bekommen, wie sie nur das Leben schreibt. Es ist überdies eine dauernde Übung, die Ihre Akquisefähigkeit erheblich steigert. Diese Möglichkeiten sollten Sie sich nicht entgehen lassen. Also:

> Sprechen Sie Menschen an und seien Sie offen. Es lohnt sich.

3.3 Fach- und Methodenkompetenzen

Die bisherigen Kompetenzen führen dazu, dass Sie gut zu sich stehen und soziale Situationen schnell und richtig einschätzen können. Sie sind Ihre Türöffner. Doch als wer und womit treten Sie durch diese Tür? Was sagen Sie, nachdem Sie die ersten positiven Signale Ihres Kunden wahrgenommen haben? Wie präsentieren Sie Ihr Produkt oder Ihre Dienstleistung? Wie kommen Sie zu einem Abschluss? Das sind Fragen, die mit Fach- und Methodenkompetenzen zu beantworten sind. Die dazugehörigen Inhalte werden meist in Fachausbildungen vermittelt oder im selbstständigen Studium von Literatur und viel Praxis selbst erworben.

Erinnern Sie sich noch, dass Ihnen zu Beginn des Buches eine Verkaufsausbildung versprochen wurde? Und diese bekommen Sie auch. Im fünften Kapitel werden Ihnen mit dem ISP-Modell das Grundhandwerkszeug und damit die benötigten Fach- und Methodenkompetenzen für erfolgreiche Akquise vermittelt.

3.4 Mentaltraining

Sie haben nun die für einen Verkäufer wichtigsten Kompetenzen einzeln geübt. Es gibt aber noch eine weitere Möglichkeit, um Ihre Verkäufer-Persönlichkeit zu trainieren, nämlich Mentaltraining. Die Methoden wurden ursprünglich für den Profisport kreiert, funktionieren aber auch prima für die Schulung Ihrer Persönlichkeit. Es werden sogenannte mentale Sets trainiert. Das sind Modelle, die aus einer besonders kräftigen Affirmation bestehen und sich so besonders tief in Ihrem Unterbewusstsein verankern lassen.

Auf den folgenden Seiten finden Sie dafür einige Bespiele. Es beginnt jeweils mit einer Affirmation, die mal eine provokante These, mal eine tiefe Weisheit oder etwas anderes sein kann, das Sie anspricht. Hierdurch entsteht ein inneres Bild bei Ihnen. Danach gibt es einige Erläuterungen zu der Affirmation, denn Ihr Verstand soll mit dem inneren Bild auch einverstanden sein. Sonst blockiert er es. Ziel ist, dass Sie an das innere Bild und dessen Aussagen, die dahinterstecken, glauben können. Dann kann es für Sie arbeiten und entwickelt aus dem Unterbewusstsein heraus eine starke Kraft in genau die richtige Richtung, ohne dass Sie noch etwas dafür tun müssten. Praktisch, oder?

> **Affirmation 1:**
>
> Top-Verkäufer sind exzellente Jäger.

Erinnern Sie sich noch an die erfolgreiche vierte Katze aus dem zweiten Kapitel? Macht sie es sich in der Küche gemütlich? Träumt sie vielleicht davon, wie gut die Ratte wohl schmecken würde?

Nein, nichts davon macht sie. Der einzige Gedanke, den die Katze hat, ist, wie sie an die Ratte kommt – und das auf dem schnellstmöglichen Weg. Auf den Punkt gebracht: Die Ratte ist ihr einziges Ziel. Alles andere blendet sie aus. Durch diese Klarheit kann sie sich voll und ganz auf den Weg konzentrieren, wie sie an ihr Ziel gelangt.

Beim Verkaufen ist es nicht anders. Blättern Sie gemütlich durch Ihre Adresskartei oder überlegen, ob Sie nicht zuerst ein paar Rechnungen bearbeiten sollten, bevor Sie zum Hörer greifen? Werden Sie sich Ihres Ziels bewusst.

Wissen Sie, was Sie wollen?

Abschlüsse!

Wenn Sie sich darüber im Klaren sind, konzentrieren Sie sich auf den Weg. Was müssen Sie machen, um an Abschlüsse zu kommen? Stellen Sie sich vor, dass Sie wie eine Katze in der Küche sitzen und Ihre Kunden beobachten. Was müssen Sie tun, damit Sie diese bekommen? Tun Sie dann, was nötig ist, um an Ihr Ziel zu gelangen. Vergessen Sie bei all Ihren Akquiseaktionen eines nicht: Erstklassige Verkäufer werden für die Beute bezahlt – nicht für die Jagd.

Affirmation 2:

Übung macht den Meister.

Hat Sie Ihr Musiklehrer mit diesem Spruch früher gequält und Ihnen die Freude am Musizieren vermiest? Waren es Ihre Eltern oder Lehrer, die mit erhobenem Finger Hausaufgaben oder andere Pflicht-aufgaben eingefordert haben, während Sie doch viel lieber mit Ihren Freunden zum Fußballspielen oder in den Jugendtreff gegangen wären?

Es ist sehr schade, dass gerade dieses Sprichwort für viele einen strengen und unangenehmen Beigeschmack hat. Denn es verbergen sich zwei wertvolle Erkenntnisse dahinter:

Zum einen weist es auf die Macht von Praxis hin. Es ist nicht unbedingt der Talentierte und auch nicht der mit den reichen Eltern, der Akquise am erfolgreichsten betreibt. Es ist derjenige, der am meisten übt. Übung macht damit genetische oder soziale Vorteile wett. Klar ist: Je weniger Sie von den eben genannten Faktoren mitbekommen haben, desto mehr müssen Sie üben. Aber: Üben liegt ganz allein in Ihrer Hand.

Zum anderen führt Übung auf die Straße des Erfolgs. Übung lässt Sie besser werden. Nicht von ungefähr wird Praxis als beste und manchmal auch sehr strenge Lehrmeisterin dargestellt. Darum können Sie nie genug davon bekommen. Nutzen Sie jede Gelegenheit, zu üben. Hier können Sie schon mit einem kurzen Gespräch beim Warten auf den Bus üben. Die Wirkung wird Sie überraschen:

> »Je mehr ich übe, desto mehr Glück habe ich…«
>
> Arnold Palmer, Golflegende

Da Sie nun die Funktionsweise mentaler Sets kennengelernt haben, können Sie sich zur Übung selbst eines kreieren. Dafür steht Ihnen auf der nächsten Seite genügend Platz zur Verfügung, um zuerst Ihre Affirmation und darunter dann einige Gedanken dazu zu formulieren.

Wenn Sie wollen, dann können Sie Ihrem inneren Bild auch ein äußeres Bild hinzufügen, das Sie visuell unterstützt. Vielleicht haben Sie ein Foto vom Strand aus dem letzten Urlaub oder vom Gipfel Ihrer letzten Bergtour, das Ihnen allein schon ein Strahlen ins Gesicht zaubert. Dann ist es perfekt. Kleben Sie es gleich hier ins Buch ein und genießen Sie Ihr ganz eigenes mentales Set.

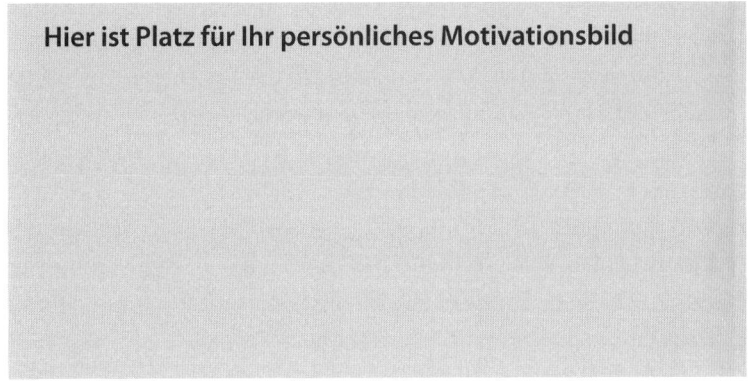

Hier ist Platz für Ihr persönliches Motivationsbild

Notieren Sie hier Ihre Gedanken, Inspirationen und Merksätze, die Sie durch die Affirmation und das Bild in Ihrem Unterbewusstsein verankern wollen:

Tragen Sie hier Ihre eigene Affirmation ein

▷

▷

▷

▷

▷

Zusammenfassung

- **Persönlichkeit ist eine Frage der Größe.** Sie hat nichts mit äußerer Größe, wie zum Beispiel mit Superlativen oder schicken Berufstiteln, zu tun, sondern mit der inneren Größe einer Person.

- **Persönlichkeit zeigt sich anhand der Kompetenzen des Verkäufers.** Es ist ein ganzes Bündel aus Persönlichkeits-, Sozial, Fach- und Methodenkompetenzen, die aus einem Menschen nicht nur einen guten, sondern einen sehr guten Verkäufer machen.

- **Persönlichkeit ist kein statisches Konstrukt.** Es geht nicht um Ihre Erbanlagen oder um die Erziehung, die Sie früher genossen haben, sondern um das klare Training einzelner Kompetenzen, wie Optimismus, Empathie und fachliche Inhalte.

- **Persönlichkeit lässt sich durch Mentaltraining verändern.** Verwendet man einen einprägsamen Satz, den man Affirmation nennt, und lässt daraus ein inneres Bild entstehen, erhält man ein sogenanntes Mind Set, das schnell seinen Weg ins Unterbewusstsein findet und dort einen starken Glaubenssatz formt.

- **Persönlichkeit ist der zentrale Schlüssel zum Verkaufserfolg.** Wenn die Ziele klar sind, wenn die Kompetenzen geübt sind, wird der Weg zum Kunden und zu Abschlüssen immer klarer und damit einfacher gangbar.

Kapitel 4:
Die Mutter aller Fragen: Wie funktioniert Akquise?

Akquise – dieses Thema ist ein Dauerbrenner unter Verkäufern. Sie ist zweifelsohne ein zentraler Teil im Verkaufsprozess, ohne Frage. Denn:

> Ohne Akquise gibt es keine Kunden – ohne Kunden keinen Profit.

Hinter Akquise scheint sich aber noch mehr zu verbergen, wenn Sie sich einmal die Menge an Literatur, Vorträgen und Seminarangeboten anschauen. Dort wird sie wahlweise als Geheimwissenschaft oder als Krise gehandelt. Das hat seine Gründe, allerdings nicht die, die Sie momentan noch für relevant halten. Also lassen Sie uns das Thema genauer analysieren, um herauszufinden, was es mit Akquise wirklich auf sich hat.

In Ihrem beruflichen Bekanntenkreis und unter Kollegen werden Sie sicher hin und wieder fachsimpeln und sich über die eine oder andere Technik, Neuerung am Markt oder Ähnliches unterhalten. Bauen Sie doch beim nächsten dieser Gespräche ein kleines Experiment ein. Fragen Sie Ihre Bekannten beiläufig, wie diese es mit der Neukundenakquise halten. Und sie werden mit 99-prozentiger Wahrscheinlichkeit eine Antwort erhalten, mit der Sie Ihren Gesprächspartner in eine der folgenden drei Gruppen einordnen können:

Erste Gruppe: die Geheimniskrämer

Angesprochen auf ihr Akquiseverhalten reagieren Mitglieder der ersten Gruppe, als ob Sie sie nach ihren Passwörtern oder ihrem Nummernkonto in der Schweiz gefragt hätten. Sie reagieren entweder kühl abwehrend oder emotional aufbrausend. Meistens steckt hinter der ganzen Sache nicht mehr als Ahnungslosigkeit und mächtig Wind, der darum gemacht wird. Ein bisschen Social Engineering für Anfänger reicht dann schon, um den Bluff aufzudecken. Wenn diese Bekannten also keinen Ferrari als Zweitwagen haben und in einer Villa am See residieren, genießen Sie die Show, die für Sie gemacht wird. Ablenken, so ist das Motto. Falls es doch das Haus am See gibt, dann sollten Sie allerdings weiterbohren und versuchen, hinter das Geheimnis zu kommen. Die Wahrscheinlichkeit auf Erfolg ist hier aber mit der eines Lottogewinns vergleichbar.

Zweite Gruppe: die Angeber

Die zweite Gruppe ist genau das Gegenteil der ersten. Nach Akquise gefragt, werden diese Ihnen eine ganze Latte an Maßnahmen und Strategien aufzählen, wie sie Kunden angesprochen, gelockt, überzeugt und übervorteilt haben. Sie werden Storys hören mit klingenden Titeln wie »100 E-Mails am Vormittag«, »Strategiepapier zur Errichtung eines Call-Centers«, »Brainstorming-Gruppe Verkauf 2020«. Das ist modernes Anglerlatein und auf der einen Seite gar nicht so schlecht, zeigt es doch, wie Storytelling abläuft. Ob es gut war, erkennen Sie am besten an sich selbst und ob Sie geneigt sind, die kleinen Geschichten auch zu glauben, die mit viel Energie und Vorwärtsdruck zum Besten gegeben werden. Hier sei ein kleiner Tipp am Rande verraten: Vertrauen Sie in solchen Situationen Ihrem Bauch und hören Sie weniger auf Ihren Kopf. Die meisten Geschichten umnebeln nämlich Ihren Verstand, der sich nur zu gern verleiten und ins Traumland entführen lässt. Die Geschichten klingen doch so schön, die Lösung ist so einfach wie die blaue Pille bei Matrix. Ihr Bauch ist da viel kritischer. Er lässt sich nicht so leicht ködern. Nur hören müssen Sie auf ihn, auch wenn Ihnen das andere in dem Moment besser gefallen würde. Das ist die Herausforderung. Und keine Sorge: Die Frage, wie Sie richtig gutes Storytelling machen, um Kunden wirklich mitzunehmen und nicht nur zu verführen, behandeln wir noch ausführlich.

Dritte Gruppe: die Angsthasen

Angesprochen auf Akquise kann man bei diesen Menschen eine physiologische Reaktion erkennen: ein Zucken um die Augenlider, ein Sinken der Mundwinkel, verkrampfende Hände und eine angespannte Körperhaltung. Der Versuch, dem Thema verbal auszuweichen, wird sehr stark sein. So sieht der Fluchtreflex live aus, den uns die Evolution im Laufe einiger Millionen Jahre mitgab, um nicht vom Säbelzahntiger gefressen zu werden. Das Problem hier ist, dass es weder einen gefährlichen Tiger noch eine andere konkrete Gefahr gibt. Es ist schließlich nur ein Wort. Daher gibt es auch nichts, wovor man weglaufen müsste, und die Leute bleiben stehen und werden so auch ihren ganzen Negativ-Stress nicht los. Es ist spannend und gleichzeitig witzig, zu beobachten, wie mächtig ein einzelnes Wort sein kann. Quälen Sie diese armen Zeitgenossen aber nicht über Gebühr. Lassen Sie sie thematisch davonlaufen. Schenken Sie ihnen stattdessen eine Ausgabe dieses Buches. Damit können Sie zum einen etwas Gutes tun und wirklich helfen. Zum anderen haben Sie demnächst einen wirklich interessanten Gesprächspartner auf Augenhöhe, mit dem sich ein Gedankenaustausch für beide Seiten lohnt.

Um die Statistik komplett zu machen, sei noch erwähnt, wie das verbleibende eine Prozent der Gefragten auf Ihre Frage nach Akquise antwortet: »Akquise bei mir? Ach, das ist ganz einfach. Das mache ich so…« Oder: »Akquise? Da muss ich einmal nachdenken, was ich da genau mache, weil das bei mir automatisch läuft.« Eine solche Antwort, wenn sie ehrlich ist, kommt leider nur äußerst selten vor. Wie Sie sehen, wird Akquise in den allermeisten Fällen als etwas Besonderes und vor allem als etwas besonders Schwieriges verstanden. Sie wollen wissen, wie das kommt und was wirklich dahintersteckt? Dann lassen Sie uns einen Blick in das Kaninchenloch wagen.

4.1 Akquise = Krise?

Alles in allem ist das so eine Sache mit Akquise. Viel wird darüber geschrieben, sehr viel Unsicherheit besteht, wenn man sich die Verkäufer-Literatur, Blogs und Seminarankündigungen so durchliest. Es gibt viele Ratschläge, wie künftige Verkäufer und angehende Selbstständige ihrer Angst, potenzielle Kunden anzusprechen, begegnen können. Wie kann es sein, dass ausgerechnet Kommunikation, die jeder von uns jeden Tag hundert Mal in langen Gesprächen genauso wie in kurzen Statements praktiziert, als schwer und etwas, das es zu üben gilt, angesehen wird?

Oder kennen Sie etwa Leute, die Angst haben, beim Bäcker morgens ihren Kaffee zu bestellen, im Supermarkt nach Tütensuppe zu fragen oder auf der Straße nach dem Weg? Falls ja, dann kennen sie einen sozialen Phobiker, der dringend psychologischer Hilfe bedarf. Dies wird aber nicht auf den Großteil derjenigen zutreffen, die Probleme mit Akquise haben. Woran liegt es dann? Was lässt Akquise so schwer erscheinen?

In der überwiegenden Mehrheit der Fälle ist die Ursache nicht tief und kompliziert in der menschlichen Psyche vergraben, sondern liegt wesentlich weiter an der Oberfläche und ist erstaunlich schnell erklärt. Sind Sie bereit dafür, dass das Geheimnis um das Akquise-problem jetzt gelüftet wird? Wollen Sie es wirklich wissen? Sind Sie ganz sicher?

Also dann, Vorhang auf:

> ## Das Akquisegeheimnis:
> Die Akquisekrise ist ein simpler Verkaufstrick!

All die Seminare, Vorträge und Bücher, all die DVDs und Coachings zu Akquise sind für viele Anbieter ein äußerst lukratives Geschäft. Und wie sorgt man dafür, dass das so bleibt? Man lädt den Begriff emotional auf. Das Thema »emotionale Marker«, das im nächsten Kapitel noch genau erläutert wird, kommt hier zur Anwendung. Akquise ist dann etwas »Besonderes«, etwas »Geheimnisvolles« und so schwer, dass man viele Produkte und Dienstleistungen konsumieren muss, um Erfolg haben zu können. Merken Sie etwas? Richtig, das sind ganz klassische Verkaufstechniken.

Nochmals, damit wir uns richtig verstehen: Akquise ist wichtig. Das bestreitet niemand. Und klar ist, dass sie geübt werden muss, damit sie in der Praxis erfolgreich umgesetzt werden kann. Aber das ist wie bei jedem anderen Handwerk auch so. Das ist der Punkt:

> Verkaufen und damit auch Akquise sind ein Handwerk und kein Geheimnis.

Alles Weitere ist dann der Schritt in ein sehr profitables Geschäfts-modell, das diverse »Wunderpillen« und Instant-Lösungen anbietet. Das Bizarre daran ist, dass hier den eigentlichen Profis auf dem Gebiet des Verkaufens, also Verkäufern, etwas so erfolgreich verkauft wird. Das ist schon beinahe Kunst, von der einige Verkäufer, Trainer, Redner und Coachs sehr gut leben.

Aber Sie halten hier Ihren persönlichen Begleiter zu Ihrem Verkaufs-erfolg in Händen. Und daher hat gewinnoptimierende Geheimnis-krämerei hier nichts verloren. Sondern es geht um Wahrheit und Fairness. Das sind zwei zentrale Komponenten für wirklichen und nachhaltigen Verkaufserfolg. Daher bekommen Sie das Ganze noch einmal auf den Punkt gebracht:

Was steckt also wirklich hinter Akquise? Es ist die Kommunikation von Mensch zu Mensch.

> Die meisten Menschen haben vor Akquise deshalb Angst, weil sie Akquise mit Krise verwechseln und dadurch bei einem an sich vollkommen normalen Kommunikationsvorgang ins Strau-cheln geraten.

So kurz und prägnant der Befund sein mag, muss er doch genauer erläutert werden, damit Sie praktischen Nutzen daraus ziehen kön-nen und in Zukunft nicht mehr auf irgendwelche Geheimniskräme-rei hereinfallen. Dafür werden an erster Stelle die beiden Worte Kri-se und Akquise voneinander unterschieden.

Die Bedeutung des Wortes Krise

Das Wort *Krise* leitet sich aus dem Griechischen *krisis* ab und be-deutete ursprünglich so etwas wie »streiten, beurteilen und aus-wählen«. So bezeichnete Krise in der Rechtsprechung die Situati-on, in der eine Partei Recht oder Unrecht bekam. Im militärischen Kontext kennzeichnete Krise den Streit zwischen zwei Gegnern und die entscheidenden Schlachten. In der Medizin schließlich ging es um die Wahl zwischen Leben und Tod. In dieser Bedeutung kam das Wort auch zu seinem heutigen Sprachgebrauch. Wenn bei-spielsweise ein Patient Fieber hat und sich die Fieberkurve ihrem

Höhepunkt zuneigt, spricht man von einer kritischen Situation beziehungsweise Zeit.

> Krise markiert einen Wendepunkt, von dem man vorher nicht weiß, ob man ihn erfolgreich überschreiten wird oder nicht.

Die Bedeutung des Wortes Akquise

Akquise beziehungsweise *Akquisition* auf der anderen Seite leiten sich vom Lateinischen *acquirere* ab, was so viel wie »hinzuerwerben, dazugewinnen« bedeutet. Im heutigen Sprachgebrauch wird Akquise in zwei Bedeutungen verwendet.

Jeder kennt aus den Medien die großen Übernahmeschlachten in der Wirtschaft, wenn es um die Akquise von Unternehmen beziehungsweise Unternehmensanteilen geht. Ganz nach dem US-amerikanischen Vorbild wird auch neudeutsch von »Merger and Acquisitions« gesprochen. In dieser Bedeutung gibt es tatsächlich einen Zusammenhang zwischen Akquise und Krise. Es geht hier um Übernahmeschlachten und wie in kriegerischen Auseinandersetzungen geht es eben auch um Streit und Entscheidungen. Das ist kurz gesagt Wirtschaftskrieg mit all seinen Strategien, Finten, Angriffen etc. Wenn Sie die Zeitung lesen, finden Sie in der täglichen Presse nicht erst seit der Finanzmarktkrise täglich neue Thriller aus diesem Bereich. Und dass nicht nur viele Angestellte solche Situationen als Krise empfinden, kann jeder Leser nachvollziehen.

Akquise hat aber noch eine zweite Bedeutung im Sinn von »Neugewinnung von Aufträgen und Kunden«. Hier umfasst Akquise dann alle Maßnahmen der Kundengewinnung durch persönliche Verkaufsgespräche im Rahmen des Direktverkaufs. Es geht also um die direkte Kommunikation von Mensch zu Mensch. E-Mails oder das

Einrichten eines Call-Centers gehören damit genauso wenig zu Akquise wie das viel gerühmte Customer-Relationship-Management. Der Grund, weswegen das so ist, wird ein wenig später erläutert. Wichtig ist zu allererst, dass in diesem Zusammenhang Krise an sich keine Rolle spielt. Ob es zu einer Krise kommt oder nicht, hängt rein davon ab, wie die Beteiligten die Kommunikationssituation gestalten.

Das ist der springende Punkt. Klar kann man mit dem Bäcker einen Streit anfangen, ob auf der Brezen zu viel oder zu wenig Salz ist. Aber das ist eine Frage der persönlichen Haltung. Und die ist ganz entscheidend für den Erfolg oder Misserfolg jeglicher Kommunikation und damit auch der speziellen Kommunikationsform Akquise. Es ist also eine Frage, wie Sie Ihren Kunden behandeln. Daher kann eines klar gesagt werden:

> Akquise ist K E I N E Krise!

Aber wie sieht nun erfolgreiche Akquise aus? Was muss getan werden, damit sie funktioniert? Die Frage hängt eng mit dem eben gemachten Befund zusammen, dass Akquise Kommunikation mit dem Kunden ist. Es gilt daher, den Kunden genauer zu verstehen. Und hier haben sich gewaltige Veränderungen in den letzten 15 Jahren ergeben, die es unbedingt zu beachten gilt, wenn man Akquise erfolgreich betreiben will.

Mit dem Heim-PC in den frühen 90er-Jahren begann eine Revolution, die mit dem Internet in den Nuller-Jahren, der Virtualisierung und den Anwendungen im Web 2.0, einige sprechen mittlerweile sogar schon von Web 3.0, immer weitere Kreise der Gesellschaft erfasst. Was bedeutet die moderne Technologie für das Verkaufen im Allgemeinen und für Akquise im Speziellen? Wie verändert sie den Kunden und sein Verhalten? Darauf haben viele Verkäufer noch keine passende Antwort gefunden. Hier finden Sie Antworten, die Ihnen sowohl die Vorzüge als auch die Nachteile der Digitalisierung aufzeigen. Zusätzlich bekommen Sie noch die dazugehörigen Strategien. Ziel ist es nicht, Sie zum Verkäufer 3.0, 4.0 oder wie auch immer zu machen. Hier sind auch viele Moden dabei und viel Geschäftemacherei mit den neuen Medien. Das klingt immer sehr spannend und spektakulär. Viele Seminarleiter, Vortragende und Internetgurus vergessen dabei aber gern eine unumstößliche Wahrheit:

> Verkaufen ist Menschensache und wird es am Ende auch immer bleiben.

Vergessen Sie das niemals bei Ihren Kundenkontakten. Es sind immer noch Menschen, die Geschäfte machen und die einen guten Deal honorieren, keine Maschinen. Diese sind lediglich Hilfsmittel, Verstärker und Hebel, deren Wirkung auf keinen Fall unterschätzt werden darf und auch nicht soll. Sie können eine wertvolle Unterstützung im Verkaufsprozess sein, aber eben niemals ein alleiniger Ersatz für echte Verkäufer.

Wie funktioniert Akquise nun angesichts modernster Technik? Die Antwort auf diese Frage finden Sie auf den folgenden Seiten.

4.2 Der digitalisierte Kunde – das unbekannte Wesen?

Nicht nur, dass das Handy dazu führte, dass wir heute überall und zu jeder Tageszeit erreichbar sind. Neben der Digitalisierung zum Web 2.0 und weiter kam auch noch die Globalisierung hinzu.

> Die Welt ist ein Dorf und jeder kann mit jedem konkurrieren. Was für tolle Möglichkeiten, wenn Sie es zu nutzen wissen.

Die Digitalisierung hat das Gesicht der ganzen Gesellschaft entscheidend verändert. Natürlich hat sie auch Auswirkungen auf den Verkauf, über die Sie sich klar werden müssen, wenn Sie Ihre Kunden verstehen und die unglaublichen Chancen nutzen wollen, die sich in der globalisierten Welt ergeben.

Aktuell reiten viele Kollegen und schlechte Verkäufer auf der Digital-Sales- und der Social-Network-Welle. Die Vorstellung, die viele dabei im Hinterkopf haben, ist, dass man im Internet »automatisch« Umsatz machen kann. Kunden zu gewinnen und zum reichen Internetstar zu werden geht wie von allein. Sicher wird auch differenziert und sicher gibt es auch gute Ansätze. Deren Schlachtruf ist aber »*Vergessen Sie den Menschen – werden Sie Star bei Facebook und Sie werden reich!*« Dazu kommen noch Aussagen wie: *Der Kunde kauft heute anders!*

Bei täglichen Gesprächen mit Menschen, Kandidaten, Verkäufern und Unternehmern werden Sie regelmäßig etwas sehr Schönes erleben: Sie alle verbindet die Sehnsucht nach persönlicher Kommunikation. Es ist der Wunsch nach wahren Gefühlen und echten Emotionen. Es ist das Bedürfnis, das Funkeln und die Freude in den Augen des anderen zu sehen, wenn ein Geschenk überreicht und ausgepackt wird. Wer genießt den Augenblick nicht, wenn der Kunde nach zähen Verhandlungen endlich JA sagt und man den unterschriebenen Vertrag in seine Aktentasche steckt. So fühlen sich Siege an, bei denen beide Seiten etwas gewonnen haben.

Somit braucht es mehr tolle, erfolgshungrige, fleißige, moderne Verkäufer, die sowohl digital als auch analog, persönlich, menschlich und authentisch die ersten und auch letzten Schritte mit den Kunden gehen bis über die Ziellinie.

> Der Kunde kauft heute nicht anders. Er kauft einfach schlauer.

Und hier kommt der kleine, feine und digitale Unterschied zu früher ins Spiel. Früher – und früher ist gar nicht so lange her, wie Sie vielleicht glauben – war es relativ schwierig, zu erfahren oder zu prüfen, ob Ihre Kaufentscheidung, die Sie gerade getroffen haben, auch die richtige ist. Erinnern Sie sich noch? Damals hatte Stiftung Warentest Hochkonjunktur. Was haben Sie nicht alles getan, um zu überprüfen, ob Ihre Kaufentscheidung die richtige ist! Sollen Sie dieses Auto kaufen, den Urlaub buchen, das Hotel nehmen oder den Staubsauger oder doch lieber eine Alternative? Was war damals neben dem Wälzen diverser Zeitschriften oder Fernsehbeiträge noch eine beliebte Quelle zur Reduktion der natürlichen Unsicherheiten? Richtig, Sie haben Freunde und Fremde gefragt. Denn Menschen vertrauen nun mal anderen Menschen. Und wenn Ihnen Ihr Freund sagte: »Mensch, kauf doch diesen Wagen, den habe ich auch« oder »Das Hotel in der Türkei ist spitze. Da waren wir jetzt schon zweimal«, dann haben Sie das wahrscheinlich auch so gemacht. Warum denn auch nicht.

> Unternehmen, die nicht im Internet vertreten sind, fallen einfach weg, weil sie nicht auffallen.

Im Hier und Jetzt gibt es eine neue Quelle für sofortige Informationen: das Internet. Konsumenten sind immer online. Sie haben Facebook, Google und Groupon. Bevor sie eine Kaufentscheidung treffen, überprüfen sie das Produkt per Handy und erfahren sofort den Preis, alle Testberichte und auch Bezugsquellen. Das funktioniert für den Toaster genauso wie für die Urlaubsreise, das Restaurant, Hotel oder einen Neuwagen. Es funktioniert sogar für die Auswahl eines neuen Dienstleisters. Was hat sich also verändert?

Einen ordentlichen Internetauftritt zu haben, ist heute selbstverständlich. Unternehmen müssen zum Vermarkter werden, zum Sender. Permanent online zu sein, bedeutet auch, dass das System mit interessanten Informationen gefüttert wird. Denn heute wird man nicht mehr aufwendig im Telefonbuch oder Branchenverzeichnis gesucht. Als Unternehmen, als Anbieter müssen Sie gefunden werden. Sie müssen sich nach oben kämpfen auf den geistigen Radarschirm von Kunden, Käufern und Interessenten. Pressearbeit 2.0 ist hier gefordert mit News, Videos und moderierten Chats bei Facebook und Co. Sie müssen senden – und das am besten rund um die Uhr. Der Zustand des informationellen Dauerfeuers führt aber nicht zwingend zu einer hundertprozentigen Befriedigung des Kunden. Im Gegenteil.

> Diese Form der Digitalisierung führt zur absoluten Überforderung des Kunden.

Es wird für Kunden immer schwieriger, alle Informationen aufzunehmen und dann auch noch entscheiden zu können, welche Qualität die einzelnen Informationen haben. Denn es nicht alles geprüft und auch nicht alles ehrlich und ernst gemeint, was täglich seinen Weg ins Internet findet. Das ist an sich eine Tatsache und eigentlich keine Überraschung. Aber es hat eine wichtige Auswirkung, und zwar auf SIE. Ja auf Sie und Ihre Rolle als Verkäufer in diesem Spiel.

4.3 Der moderne Verkäufer

Um den Kunden durch diese Informationsflut gut lenken zu können, brauchen wir nicht weniger Verkäufer. Das wird oft fälschlicherweise von internetaffinen und kostenbewussten Geschäftsleitungen angenommen. Das ist aber ein Irrtum. Was wir stattdessen brauchen, sind andere, nämlich moderne Verkäufer. Es gibt nur eine sehr kleine Schicht von Profis, die aktuelle Trends erfassen und für sich zu nutzen verstehen. In den nächsten Jahren wird sich vieles verändern, zusammen mit der Entwicklung der mobilen Geräte, für die Sie in Zukunft nur noch nach dem günstigsten Preis in der Umgebung fragen müssen.

> Der moderne Verkäufer muss dann beide Welten kennen und beherrschen: die digitale Welt an seinem analogen Arbeitsplatz.

Warum konnte das Handy weltweit solch einen fulminanten Siegeszug hinlegen? Eigentlich ist die Antwort recht simpel: Ein Handy verbindet zwei menschliche Grundbedürfnisse: das Bedürfnis nach Mobilität und das nach Kommunikation. Wir lieben es, zu kommunizieren wann immer und wo wir wollen. Und der Erfolg von Facebook & Co. zeigt, dass wir alles, was wir für sinnvoll erachten, auch sofort mitteilen wollen.

Irgendwie ist Facebook zu einer Form moderner Höhlenmalerei geworden. *Seht her, was ich heute wieder gemacht habe und wo ich wieder überall gewesen bin.* Da Mobilität und Kommunikation zentrale Grundbedürfnisse sind, ist es auch völlig logisch, dass sich viele Menschen Reiseangebote zuerst im Internet ansehen und Meinungen dazu recherchieren. Anschließend gehen aber viele Urlauber dann doch lieber zum Reisebüro ihres Vertrauens. Dort gibt es den persönlichen Kontakt, es wird geredet, gelacht und es gibt Spezialinformationen vom Fachmann, die so nicht im Internet standen. Im besten Fall buchen Kunden dann im Reisebüro, weil sie sich dort fair beraten und gut aufgehoben fühlen. Im Zuge der Digitalisierung zeichnen den modernen Verkäufer zwei Eigenschaften besonders aus:

Eigenschaft 1: Permanente Erreichbarkeit

Permanente Erreichbarkeit, das ist Fluch und Segen zugleich. Edgar K. Geffroy nennt das Internet daher auch Evernet, weil man immer und überall im Netz ist. Es gibt da keinen Fluch oder Segen, sondern einzig Normalität. Der Tagesbedarf eines Menschen beträgt 2.700 Kalorien, drei Liter Flüssigkeit und 20 Gigabyte an Informationen. Grenzen ziehen muss da jeder selbst. Zu entscheiden, wo Privates aufhört und Berufliches beginnt, ist sicherlich eine Herausforderung in der Interaktivität, in der sich jeder befindet. Aber die grundsätzliche Entscheidung, die dahinter steckt, war schon immer die gleiche, auch bei privaten Gesprächen in der Kantine und auf dem Büroflur. Wichtig ist eines:

> Auf die Dosis und den persönlichen Einsatz kommt es an.

Eine Prise Salz ist lebensnotwendig, essen Sie einen Sack voll davon, sind Sie tot. »Always on« kann bedeuten, sich den Weg zum Kunden weisen zu lassen, inklusive aller wichtigen Hintergrundinformationen, die Sie brauchen, kurz bevor Sie vor seiner Bürotür stehen. Wenn Sie aber verlernt haben, wie man Bitte und Danke sagt und ein authentisches Gespräch auf Augenhöhe führt, so twittert der potenzielle Neukunde kurze Zeit später: »Hatte Besuch von digitalem Verkäufer. Hat mir eine halbe Stunde mit viel Fachwissen die Welt erklärt, konnte nur nicht sagen, worüber er redet.«

Lernen Sie also, abzuwägen, welcher Grad an Erreichbarkeit für Sie der richtige ist.

> Bleiben Sie immer schön flexibel. Die Technik ist es auf jeden Fall.

Eigenschaft 2: Digitale und persönliche Präsenz

Der Kontakt zum Kunden wird durch die Digitalisierung direkter und schneller. Das bedeutet aber auch, dass Unternehmen in diesen Bereichen schneller werden müssen. Es reicht nicht aus, eine schicke Facebook-Seite einzurichten, auf der sich Anfragen oder gar Beschwerden sammeln, und niemand reagiert darauf. Werden soziale Netzwerke genutzt, so müssen die Unternehmen auch deren Spielregeln beherrschen oder lieber gleich bei der Print-Anzeige bleiben.

Unternehmen und Verkäufer können sich heute sehr schnell ein relativ gutes Bild voneinander machen. Was früher den Geheimdiensten vorbehalten war, das kann nun jeder selbst erledigen: sich in Hochgeschwindigkeit einen bunten Blumenstrauß an Informationen besorgen. Auf dem Arbeitsmarkt ist sogenanntes Social Engineering mittlerweile ein nicht mehr wegzudenkendes Werkzeug sowohl von Bewerbern als auch von Personalverantwortlichen geworden. Es ist einfach geworden, wichtige geschäftliche und persönliche Informationen zu besorgen – und das ganz legal. Leicht kann es dabei passieren, dass sich Bewerber selbst eine Falle stellen, indem sie private Dinge ins Netz stellen, die einen potenziellen Arbeitgeber abschrecken. Das ist fast schon Normalität. Zeitungen und Internetforen berichten regelmäßig über solche Ausrutscher und deren Folgen. Auf der anderen Seite können aber der Bewerber und Verkäufer überlegen, ob ihnen das Bild gefällt, das sie über sich, den Kunden oder den zukünftigen Arbeitgeber zusammengepuzzelt haben.

Diese Informationen können wahr, falsch oder sogar intim sein. In jedem Fall basteln sich Verkäufer und Kunde aus diesen Mosaiksteinchen ein buntes Bild vom jeweils anderen zusammen.

Daher ist es wichtig, dass sich der Verkäufer dort aufhält, wo sich die Kunden seiner Branche aufhalten. Dort muss auch der Verkäufer digital präsent sein. Facebook, Twitter und XING sind dabei absoluter Standard. Er muss aber auch die speziellen Foren und Weblogs seiner Sparte kennen und sich dort routiniert bewegen können. Was den Zeitaufwand betrifft, reichen wenige Minuten pro Tag aus, sobald die Profile eingerichtet sind. Nur so kann der digitale Verkäufer schnell auf den Input von Kunden oder Interessenten reagieren.

Ob Sie das gut finden oder sehr gut, bleibt Ihnen überlassen. Vorab sollten Sie sich aber entscheiden, ob Sie in diesen Systemen mitspielen können und wollen. Wenn Sie sich dafür entscheiden, dann lassen Sie sich ganz darauf ein und machen es so gut, wie Sie können.

Viele Netzwerke sind mehr oder weniger kostenlos. Es liegt in der Natur der Sache, dass diese Systeme keinen Wohlfahrtsauftrag haben, sondern die Nutzerdaten verwenden. Die Verantwortung beginnt also beim Nutzer selbst, sei er Verkäufer, Unternehmer, Kunde oder einfach Anwender. Er entscheidet, welche Nachrichten er postet und welche Informationen er damit im Internet für alle zugänglich macht.

Die große Chance, die in diesen Systemen liegt, besteht darin, dass Sie sehr schnell und einfach zum Sender werden, ohne groß investieren zu müssen. News, Blogs, Videos – was früher der Job von Profis und Agenturen war, übernimmt heute jeder einzelne Nutzer für sich. Das ist eine unglaubliche Spielwiese, auf der sich Kreativität, Mut und Fleiß auszahlen. Wie Sie sehen, sind das alles Eigenschaften eines erfolgreichen Verkäufers. Damit spielen Ihnen die neuen Medien förmlich in die Hand und liefern Ihnen ganz neue Möglichkeiten, um mit dem modernen Kunden in Kontakt zu kommen.

Fakt ist aber auch: Egal, welche Spielvariante der digitalen Möglichkeiten wir nutzen und egal, was wir voneinander mehr oder weniger freiwillig verraten, müssen sich Verkäufer und Unternehmer sehen, wenn wir es mit einem Geschäft wirklich ernst meinen.

> Nichts ersetzt einen persönlichen Kontakt.

Der Handschlag, früher der Klassiker zum Besiegeln eines erfolgreichen Geschäfts, mag bis auf wenige Ausnahmen aus der Mode gekommen sein. Dennoch sind das menschliche Bedürfnis nach Nähe, Verstandenwerden, nach Lob, Freude und vor allem der tiefe Wunsch, diese Gefühle mit einem Gegenüber zu teilen, so stark wie eh und je. Hier stoßen die neuen Medien an ihre Grenzen. So sehr Nachrichten mit Smileys verziert werden, so gut Sie eine Video-Konferenz mit Kunden in aller Welt verbindet: ein gemeinsamer Kaffee, ein Händeschütteln und das Lachen über einen gelungenen Witz stiften viel mehr Nähe und schaffen die Basis für nachhaltige Verkaufsbeziehungen. Daher kann Verkaufen ohne persönlichen Kontakt auf Dauer nicht erfolgreich sein.

4.4 Moderne Verkaufstechniken

Wie reagieren Sie als moderner Verkäufer auf die geänderten Bedingungen, die durch die Digitalisierung ausgelöst werden? Wie können Sie Ihre Akquise mit dem aktuellen Stand der Technik versöhnen? Wie können Sie die Vorteile der Digitalisierung nutzen, ohne dabei in ihre Fallen zu tappen?

Hierbei helfen Ihnen die folgenden Verkaufstechniken. Diese konzentrieren sich nicht auf reine Internet- oder Web-2.0-Strategien. Hierzu gibt es eine Menge an Fachliteratur. Die hier dargestellten Spezialtechniken sind alle darauf abgestimmt, die beiden Neuerungen im Zuge der Digitalisierung, nämlich Erreichbarkeit und Präsenz, mit dem Faktor Mensch zu verbinden. Es geht daher um Balance. Diese Schnittstelle finden Sie in der aktuellen Literatur nur sehr selten. Sie ist es aber, die Ihnen den notwendigen Kick für den Verkaufserfolg liefert.

Erste Verkaufstechnik: Machen Sie Ihren Kunden neugierig

Neugierde ist ein mächtiges Werbemittel, weil es Aufmerksamkeit auf eine Sache zieht und dort auch eine Zeit lang bindet. Dabei ist Neugierde ein alter Mechanismus, den die Evolution tief im menschlichen Verhaltensrepertoire verankert hat, wie folgendes Beispiel zeigt. Männer haben eine lustige Fähigkeit:

> Wenn ein Mann eine Partnerin sucht, dann avanciert er zum Top-Verkäufer.

Er kann hinhören. Er erzählt von spannenden Abenteuern, die er mit der Auserwählten natürlich auch erleben möchte. Er ist offen und versteht es, die Dame neugierig zu machen. Er ist charmant und höflich, und wenn es sein muss, wartet er ab oder beginnt einen strategisch klugen Rückzug mit einem Plan B im Hinterkopf. Nun stellen Sie sich den gleichen Mann in einer neuen Situation vor. Es geht um die Gewinnung von neuen Kunden, um Terminvereinbarung per Telefon. Sie ahnen es schon: Das oben genannte Szenario läuft genau verkehrt herum ab. Der Mann ist ängstlich, unhöflich und wenig selbstsicher. Er hat kein Gefühl für das richtige Timing und sein Gegenüber. Wenn es dann nicht zum Termin kommt, was sehr wahrscheinlich ist, reagiert er überdies noch beleidigt.

Überlegen Sie mal! Warum sollte sich ein Kunde auf ein Gespräch mit Ihnen einlassen, wenn Sie sich von anderen nicht abheben und ähnlich Langweiliges erzählen wie alle anderen langweiligen Verkäufer? Es erschreckt immer wieder, wenn den meisten Verkäufern nichts anderes einfällt, als zu sagen: »Ich möchte mich mal als Ansprechpartner vorstellen.« Haben Sie eine Ahnung, wie peinlich das für den Verkäufer und auch für den Kunden ist, wenn er das schon 18-mal in der Woche gehört hat? Überlegen Sie, was der Kunde so interessant finden könnte, dass er Ihnen zuhört und letztendlich einem persönlichen Treffen zustimmen wird. Welches sind die besonderen Merkmale Ihres Angebots, mit denen Sie Ihren Kunden ein »Ah« und deren gesamte Aufmerksamkeit entlocken können? Und welches sind Ihre persönlichen? Nehmen Sie sich ein paar Minuten Zeit und sammeln Sie die wichtigsten fünf Merkmale.

Fünf Mal Neugierde

1.
2.
3.
4.
5.

Wenn Sie so weit sind, dann nehmen Sie sich jeden Tag eines der Merkmale vor und üben es bei jedem Kundengespräch. Üben Sie, spielen Sie damit. Irgendwann finden Sie die genau passende Art, indem Sie immer öfter das magische »Ah« hören und hochgezogene Augenbrauen sehen und sich Ihre Kunden voll und ganz Ihnen zuwenden. Dann sitzt es. Machen Sie das mit allen Ihren Merkmalen und tauschen Sie diese durch.

Die Technik funktioniert übrigens in der direkten Kommunikation genauso wie im Internet, also schriftlich. Schauen Sie sich einmal Überschriften an. Sie werden keine finden, die Sie geistig nicht mit mehreren Ausrufezeichen oder Fragezeichen versehen könnten. Sie alle dienen nur einem Zweck: Neugierde zu schaffen, damit der Nutzer den Inhalt weiterverfolgt. Das heißt, dass Neugierde einer der übergreifenden und somit verbindenden Mechanismen zwischen Mensch und Technik ist. Daher gehört Neugierde in diese Sammlung spezieller Verkaufstechniken. Mit der Zeit werden Sie lernen, zu erkennen, welcher Interessent welches Merkmal braucht, um neugierig zu werden. Und ganz nebenbei werden Sie damit noch zum perfekten Flirter. Und welcher Kunde möchte nicht gern auf charmante Weise ein wenig verführt werden?

Zweite Verkaufstechnik: Entwirren Sie Ihr Angebot

Eine Folge der Digitalisierung ist die Überforderung des Kunden. Es gibt von allem zu viel: zu viele Produkte und Dienstleistungen, zu viele Testbereiche und zu viele unterschiedliche Meinungen dazu. Nur an verlässlichen Anhaltspunkten gibt es zu wenig. Das führt dazu, dass Kaufentscheidungen mitunter immer schwieriger werden oder zumindest viel mehr Zeit benötigen als noch vor der Digitalisierung. Überlegen Sie sich einmal, wie viele Informationen Sie heute beim Buchen Ihres Urlaubs abrufen können. Nicht nur, dass Sie den günstigsten Flug heraussuchen können. Über Hoteltests können Sie auch das für Sie passende Hotel finden, bei dem die Baustelle seit fünf Woche abgeschlossen ist und bei dem das Essen von den meisten Bewertern vier Sterne erhalten hat. Heute finden Sie sogar den Webauftritt der kleinen Strandbar und wann am Mittwoch dort Happy Hour ist. Die Abfahrtszeiten des öffentlichen Nahverkehrs lassen sich übrigens ebenfalls leicht recherchieren, sodass Sie Ihre kleinen Ausflüge in die Umgebung schon vorab planen können. Über Google Earth sind dann noch die Bilder so abrufbar, dass Sie nach Ihrer Recherche das Gefühl haben können, dass Sie schon dort waren. Ach, die Souvenirs lassen sich übrigens auch über den Online-Shop beziehen. Daran soll es nicht scheitern. So können Sie heute rund um den Globus nach Ihrem perfekten Urlaub Ausschau halten und Woche um Woche mit der Suche verbringen.

Die digitale Welt hilft uns dabei, uns schneller zu informieren und Informationen zu multiplizieren, aber nichts ersetzt den menschlichen Kontakt. Wie hilfreich und notwendig ist hier ein Verkäufer, der als Berater und fairer Makler für seine Produkte und Dienstleistungen steht und dem Kunden beim Entwirren hilft. Erklären Sie Ihr Angebot, zeigen Sie es Ihrem Kunden. Dafür verwenden Sie heute sicherlich auch die modernen Medien. Das ist ganz klar. Aber Sie nehmen ihn dabei an der Hand und führen ihn durch. Und am Ende:

> Schlagen Sie Ihrem Kunden einen fairen Deal vor.

Dritte Verkaufstechnik: Bieten Sie Service

In der Dienstleistungswüste, als die Deutschland immer wieder gern bezeichnet wird, ist Service oftmals ein Fremdwort. Was ist Service? Sehen wir uns ein prominentes Beispiel an:

Worauf beruht der außerordentliche Erfolg von Amazon, der das Unternehmen zum globalen Marktführer macht? Richtig, auf Service. Amazon merkt sich automatisch, was Sie wollen, es macht ähnliche Vorschläge, gibt Tipps und Hinweise. Es stehen Ihnen dabei ganz normal die Kundenbewertungen für jedes einzelne Produkt sofort und gut sichtbar zur Verfügung. Das funktioniert alles, während Sie gemütlich bestellen und dort surfen, wo Sie wollen und wann Sie wollen.

Wissen Sie, wovon der Kunde mittlerweile genug hat? Er sieht es nicht mehr ein, im Laden 20 Prozent mehr für ein Standard-Cash-and-Carry-Produkt zu bezahlen, bei dem er keine Beratung braucht. Als Begründung für die Preisdifferenz hört er dann immer dasselbe Mantra: »Bei uns bekommen Sie den Service, den Sie im Internet nicht bekommen.«

Solche Aussagen gehören nicht auf den Prüfstand, sondern verboten. Über welchen Service reden wir da genau? Nehmen wir an, Ihre Digitalkamera im Wert von 99 Euro ist defekt. Zuerst müssen Sie den Kassenzettel suchen, alles verpacken, ins Auto steigen und zum Elektrofachmarkt fahren. Dann gilt es, den berühmten Serviceschalter zu suchen, sich in die Schlange zu stellen und als Bittsteller zu erklären, was nun an der Kamera defekt ist. Wenn Sie alles richtig gemacht haben und wenn der Serviceleiter einen guten Job macht, kann es sein, dass man Sie nach Ihrem Urlaub anruft. Das setzt natürlich voraus, dass man Sie nicht vergisst und dass die Service-EDV nicht abgestürzt ist. Gegen eine Servicepauschale von 45 Euro kann die Kamera repariert werden und ist dann in etwa vier Wochen fertig. Kosten und Dauer hängen vom derzeit schlechten Wechselkurs und von der Reparaturstelle ab, die nicht in Deutschland sitzt. Aber das verstehen Sie sicher, oder?

Natürlich verstehen das Kunden, aber sie sehen es nicht ein. Die großen Internetversender machen es vor, wie Service funktioniert und wie er zu funktionieren hat. Das ist die Benchmark. Weniger geht nicht mehr oder es wechseln noch mehr Kunden dorthin.

Was also muss die einzige für Sie mögliche Schlussfolgerung sein? Machen Sie das Mantra wahr:

> Bei uns bekommen Sie den Service, den Sie im Internet nicht bekommen.

Setzen Sie sich hin und überlegen Sie, welche Leistungen Sie Ihren Kunden bieten können, die diese im Internet nicht bekommen. Ist es eine besondere Form der Beratung? Ist es Freundlichkeit? Kennen Sie Tricks im Umgang mit dem Produkt? Um beim obigen Kamerabeispiel zu bleiben: Können Sie selbst gut fotografieren? Wissen Sie, wo man in der Umgebung den schönsten Sonnenuntergang fotografieren kann und welches Programm bei der Kamera diesen am besten wiedergibt? Welches sind Ihre Servicekomponenten? Fünf sollten Ihnen auf jeden Fall einfallen. Notieren Sie diese jetzt.

Fünf Servicekomponenten

6.

7.

8.

9.

10.

4.5 Zehn Akquisetipps

Jetzt haben Sie alle notwendigen Erfolgskomponenten kennengelernt, die bei der Akquise eine Rolle spielen. Sie wissen nun, wie Ihre Kunden ticken und wie erfolgreiches Verkaufen aussieht. Nun wird es Zeit, aktiv zu werden. Hierbei helfen Ihnen am besten die folgenden zehn Akquisetipps weiter. Sie sind praktisch, klar und dazu da, umgesetzt zu werden. Dabei sind die Tipps lernoptimiert gehalten, nämlich kurz genug, damit Sie sie leicht memorieren können. So gehen sie schneller in Ihr Langzeitgedächtnis über. Und mit ein wenig Übung werden sie schnell zur Gewohnheit. Folgen Sie ihnen, dann haben Sie einen soliden Rahmen, der Sie bei Ihrer täglichen Akquisetätigkeit unterstützt.

Tipp 1: Setzen Sie sich herausfordernde Ziele

Schiffe sind im Hafen am sichersten – aber dafür wurden sie nicht gebaut. Zaghafte Versuche, von A nach B zu kommen, reichen nicht aus, um wirklichen Erfolg zu generieren. Sind Sie mutig genug, um auf große Fahrt zu gehen? Haben Sie das Zeug für einen anspruchsvollen Törn auf hoher See? Trauen Sie sich! Sie bestimmen die Ziele in Ihrem Leben und nur Sie wissen, wo die Reise hingehen soll. Setzen Sie sich realistische, aber herausfordernde Tages- oder Wochenziele und nicht nur Monats-, Quartals- oder Jahresziele.

> Kleben Sie ein Foto Ihres »Wunsches« an die Außenseite der Haustür.

Das ist Mut und Sie zeigen so der Welt, wofür Sie einstehen. Wenn Sie abends nach Hause kommen und das Foto sehen, fragen Sie sich, ob Sie heute alles dafür getan haben, ihr Tagesziel auf dem Weg zu Ihrem Wunsch zu erreichen.

Tipp 2: Werden Sie ein guter Verkäufer

Was ist für Sie gut? Was wollen Sie erreichen? Und was sind Sie bereit dafür zu tun? Ist Ihnen ein Kundenbesuch, der 150 Kilometer entfernt liegt, zu weit entfernt, zu unbequem? Finden Sie 20 Kaltbesuche am Tag unmöglich zu realisieren? Wissen Sie, woran Sie einen schlechten Verkäufer erkennen: Schlechte Verkäufer sind wie Schnecken. Sie bewegen sich nur im Zeitlupentempo und kommen nicht in die Gänge. Wer glaubt, Kunden kommen einem heute noch mit offenen Armen im Laufschritt entgegen, der lebt in einer Traumwelt.

> Sie müssen sich bewegen, körperlich und geistig. Tun Sie das!

Und begnügen Sie sich nicht damit, gut zu sein. Finden Sie heraus, was Sie tun müssen, um zur Spitze zu gehören.

Tipp 3: Arbeiten Sie an Ihrem Talent

Wenn Sie wirklich erfolgreich sein wollen, dürfen Sie auf keinen Fall ruhig, leise, unauffällig und langweilig bleiben, während Ihre Konkurrenz auf dem Mond eine Filiale eröffnet. Oder Sie machen sich Folgendes klar: Mit einer stumpfen Säge sägt es sich schlecht und mit uralten Verkaufsmethoden aus den 60er-Jahren kommen Sie auch nicht sehr weit.

> Seien Sie anders, bunt und auffällig.

Lesen Sie, üben Sie, probieren Sie alles aus – und bitte: Machen Sie Fehler! Diese bringen Sie nämlich weiter. Jede neue Erkenntnis ermöglicht einen neuen Schritt in Richtung Ihres Erfolgs.

Tipp 4: Planen Sie im Voraus

Wahrhaftiger Erfolg ist niemals ein Zufallsprodukt. Er ist immer das Ergebnis aus all den vorangegangenen Aktionen. Mit Misserfolg ist es übrigens dasselbe. Achten Sie daher genau darauf, was Sie im Vorfeld tun. Denn:

> Wer beim Planen versagt, der plant sein Versagen.

Kinder bekommen Stundenpläne, damit sie vorbereitet sind, die Tasche richtig packen und die Hausaufgaben machen. Es gibt auch Stundenpläne für Erwachsene. Lassen Sie sich dazu etwas später überraschen. Zudem nutzen Sie Timer, Planer, Flipcharts, Blackberrys und iPhones, die bimmeln und Sie täglich an wichtige Termine erinnern, nämlich Kunden anzurufen und Akquise zu machen. Nun müssen Sie es nur noch tun.

Tipp 5: Eine gute Atmosphäre ist wichtig

Sind Sie lieber auf einer tollen Party mit Gästen, die gute Laune haben und etwas zu erzählen haben, oder mögen Sie lieber langweilige Stuhlkreis-Partys mit anzüglichen Frage-und-Antwort-Spielchen? Gute Stimmung überträgt sich – wie die gute Partystimmung – auf den Kunden. »Lachen verbindet«, sagt man. Wer sprichwörtlich nichts zu lachen hat, mit dem möchte man nicht unbedingt gern zusammenarbeiten. Sie ganz allein entscheiden über Ihre Laune. Sie können Ihr Gehirn sowohl positiv als auch negativ programmieren. Verlierer jammern darüber, dass sie nicht in der Stimmung für Akquise seien. Angebotserklärer, Warenbewacher und Problemerklärer haben immer eine gute Ausrede parat, warum es gerade jetzt keinen Sinn macht, einen potenziellen Kunden anzurufen.

> Profis sind stets in der Lage, sich auf einen guten Zustand hin zu konditionieren.

Das geht zum Beispiel mithilfe von positiver Visualisierung, wie es auch Leistungssportler machen. Im Vertrieb ist es schließlich wirklich nicht schwierig, über ein paar erlebte Geschichten zu lachen. Denken Sie nach, dann fallen Ihnen sicherlich gleich zwei oder drei Geschichten ein, die Sie zum Schmunzeln bringen.

Tipp 6: Leben Sie die beiden Grundpfeiler eines erfolgreichen Verkaufsgesprächs

Im Kundengespräch gibt es zwei absolut zentrale Grundpfeiler. Wenn Sie diese jedes Mal befolgen, wird sich Erfolg einstellen, weil er förmlich muss. Der erste Grundpfeiler ist Wahrheit.

> Sagen Sie Ihrem Kunden die Wahrheit.

Anders gesagt: Lügen Sie Ihre Kunden nicht an. Eine gute Selling-Story ist nicht deshalb gut, weil sie klingt, als ob Münchhausen persönlich sie erdichtet hätte. Eine gute Selling-Story bringt die Vorzüge Ihres Angebots erfolgreich rüber. Das macht sie. In diesem Zusammenhang wirkt auch der zweite Grundpfeiler: Klarheit.

> Sagen Sie Ihrem Kunden, was Sache ist, klar und deutlich.

Nichts ist auf Dauer anstrengender als ein Gespräch, bei dem Ihr Gegenüber nicht weiß, worauf es hinauslaufen soll. Sind Sie nur ein freundlicher Gesprächspartner? Sind Sie ein Berater, der über sein Produkt informiert, oder sind Sie Wirtschaftsphilosoph? Nein, Sie sind Verkäufer. Und was wollen Sie? Richtig, Sie wollen Neukunden akquirieren. Lassen Sie daran keinen Zweifel aufkommen. Bieten Sie stattdessen einen guten Deal, der fair ist und bei dem alle Seiten etwas gewinnen können.

Tipp 7: Beachten Sie das Gesetz der großen Zahl

Die gute Nachricht lautet: Sie können im aktiven Vertrieb anfänglich fehlende Professionalität und Erfolg kompensieren oder für den Moment sogar ersetzen durch Fleiß! Selbst wenn Sie nicht der beste Akquisiteur sind, eines hilft garantiert immer: das Gesetz der großen Zahl. Das bedeutet: Je mehr Kontakte Sie herstellen, umso größer ist die Wahrscheinlichkeit eines Abschlusses. Um es für den Profi-Verkäufer auf den Punkt zu bringen:

> Je mehr Kontakte, desto mehr Kontrakte.

Tipp 8: Timen Sie wichtige Telefonate richtig

Stellen Sie sich vor, dass Sie an einem Tag 30 Kunden anrufen wollen. Dann legen Sie aus Ihrer Sicht die weniger wichtigen, gegebenenfalls warmen Kontakte an den Anfang. Das ist Ihre Aufwärmphase. Die schwierigen Kunden, falls es sie denn gibt, und die herausfordernden Neukontakte legen Sie ans Ende. Dieses Vorgehen hat einen entscheidenden Vorteil:

> Die Zunge ist das einzige Instrument, das sich bei täglichem Gebrauch schärft.

Ihre Zunge muss erst einmal locker werden, sich schärfen. Der Motor – Ihr Gehirn – muss zunächst auf Betriebstemperatur gebracht werden. Ihnen werden die letzten Telefonate leichter fallen, immer leichter, und Sie werden souveräner und sicherer. Versprochen!

Tipp 9: Finden Sie Ihren Rhythmus

Kennen Sie das? Sie gehen zum Laufen und sind gerade dabei, dass sich Ihr Körper auf die Anstrengung eingestellt hat. Da klingelt das Handy. Sie gehen ran, telefonieren nur wenige Minuten. Danach hat sich Ihr Körper so weit beruhigt, dass Sie mit Ihrem Aufwärmprogramm wieder von vorn anfangen müssen. Das ist mühsam und kräfteraubend. Bei der Akquise ist es genauso, wenn Sie zunächst einen Kunden anrufen, danach im Internet recherchieren, um nach zehn Minuten dann den nächsten anzurufen. So kommen Sie nie in einen Rhythmus. Besser ist es, vor der Akquise zu recherchieren, sich eine Liste potenzieller Kunden zu erstellen, um diese dann konsequent hintereinander systematisch abzuarbeiten.

Finden Sie Ihren Akquiserhythmus, und wenn Sie ihn gefunden haben, bleiben Sie dran!

Sie sind Verkäufer und der Job eines Verkäufers besteht darin, zu verkaufen.

Tipp 10: Akquirieren Sie regelmäßig

Wenn Sie aufhören, täglich aktiv und systematisch zu akquirieren, dann ziehen Sie quasi selbst Ihren Stecker aus der Steckdose. Sie kommen aus Ihrem Rhythmus oder Sie finden ihn gleich gar nicht. Beides darf nicht sein, wenn Sie auf Dauer erfolgreich sein wollen. Akquise ist keine Freizeitveranstaltung, sondern gehört zum Profi-Verkäufer genauso selbstverständlich dazu wie das Teigkneten beim Bäcker. Es ist eine Grundlage, die Sie verstehen müssen, weil Sie dann auch Ihren Kunden verstanden haben. Wenn Sie gut sind und es ernst meinen mit dem Beruf des Verkäufers, dann macht es Ihnen auch Spaß, täglich zu akquirieren. Nur in Krisenzeiten zu akquirieren – weil es gerade eng wird – ist eine genauso gefährliche Strategie, wie nur in guten Zeiten zu akquirieren.

Das Erfolgsrezept lautet:

systematisch und regelmäßig.

Und was heißt regelmäßig? Ganz einfach: Jeden Tag eine Stunde – so leicht ist das.

Zusammenfassung

- **Die Illusion der Krise:** Wenn man verstehen will, wie Akquise funktioniert, muss man zuerst verstehen, dass sie weder schwierig noch geheimnisvoll ist. Das ist alles ein reiner Verkaufstrick. Denn: Akquise ist keine Krise!

- **Akquise ist Handwerk:** Und wie jedes Handwerk gilt es, auch Akquise zu üben. Tun Sie das durch eine klare Kundenansprache. Bleiben Sie bei der Wahrheit und Sie öffnen sich dadurch das Tor zu nachhaltigem Verkaufserfolg.

- **Akquise ist Kommunikation:** Akquise ist nämlich vor allem eines: Kommunikation von Mensch zu Mensch. Sie müssen also Ihren Kunden verstehen, wenn Sie ihm etwas anbieten wollen, das er so schätzt, dass er Ihnen sein Geld dafür gibt.

- **Digitalisierung:** Wollen Sie den modernen Kunden von heute verstehen, dann müssen Sie Digitalisierung verstanden haben mit all ihren Auswirkungen auf das Kaufverhalten. Zeigen Sie, dass Sie ein moderner Verkäufer sind, der die Zeichen der Zeit versteht und weiß, wie er diese zu seinem Nutzen und dem des Kunden deuten muss.

Kapitel 5:
Intuitive Sales Process – das ISP-Modell

Gibt es denn nun die eine einzige Erfolgsformel im Vertrieb, im Verkauf von Produkten und Dienstleistungen? Nein, die gibt es natürlich nicht, wie es in den bisherigen Kapiteln gezeigt wurde. Es gibt auch kein Akquise-Abrakadabra und keine Geheimwissenschaft, wie es in Seminaren und Vorträgen gern vorgegaukelt wird. Professioneller Vertrieb ist alles – nur keine Zauberei.

Allerdings gibt es einige Parameter, an denen Sie einen guten Verkäufer – unabhängig von Produkt und Branche – erkennen. Wahrscheinlich haben Sie noch nie einen wahren Verkäufer erlebt, doch wenn, dann wissen Sie es.

> Tolle Verkäufer sind, einfach gesagt, tolle Menschen, die Sie gern näher kennenlernen möchten.

Leute, mit denen man gern etwas trinken geht – und vor allem: denen man gern zuhört, weil sie etwas zu sagen haben. Sie sind authentisch, klar und deutlich. Sie machen faire Angebote, stellen Fragen und hören hin. Hören genau hin. Verkaufen ist schließlich und endlich Menschensache. Ein Verkäufer zu sein ist eine großartige Aufgabe, eine schöne Herausforderung und ein solides Handwerk.

Und die Wahrheit kennen wir alle. Mehr unterbewusst als bewusst kaufen wir, weil wir jemanden mögen. Die Wissenschaft sagt uns deutlich, dass die Prozesse für Kaufentscheidungen bei uns allen unterbewusst ablaufen. 80 Prozent und mehr aller Entscheidungen treffen wir aus dem Bauch heraus. Der Kopf gaukelt uns eine Vernunftentscheidung vor, die es als solche aber gar nicht gibt. Denken Sie einmal an den Inhalt Ihres Kleiderschranks oder an Ihren Friedhof an Elektrogeräten. Da finden Sie viele »unvernünftige« Entscheidungen. Oder finden Sie 80.000 Euro für ein Auto vernünftig? Wahrscheinlich nicht. Aber damit in die Arbeit oder in den Urlaub zu fahren, das bietet Mehrwert. Und der liegt eben nicht in der menschlichen Ratio. Niemand kauft bei einem unsympathischen Verkäufer. Wenn Ihr Bauch »Nein« sagt, wollen die meisten die Ware oder Dienstleistung nicht einmal geschenkt bekommen, weil die Sache dann bestimmt »einen Haken hat«.

Noch einmal: Es gibt nicht die eine Erfolgsformel zum perfekten Verkauf. Aber es gibt Fleiß, Feuer, Flamme und Leidenschaft für das, was man tut. Und wenn man kein Verkäufer ist, sondern dazu gezwungen wird, so wird dies zur Qual, zum Dilemma. Für den Beruf des Verkäufers gibt es keine externe Motivation. Wer nur lustvoll arbeiten kann, wenn man ihm Geld, Preise oder Incentives vor die Nase hält, der ist nicht motiviert, sondern manipuliert. Tun Sie das, was Sie können und wollen. Aber um Himmels willen: Tun Sie es richtig! Fragen Sie Ihren Bauch! Sie haben anhand der Übungen im Verlauf des Buches schon ein kräftiges Training absolviert und Ihre Intuition geschult.

Jetzt wird es Zeit, Ihre Fertigkeiten gezielt zu schulen. Dabei hilft das ISP-Modell, dem der Intuitive Sales Process zugrunde gelegt wird.

Es handelt sich dabei um die Kunst, den Verkaufsprozess intuitiv und damit authentisch zu erfassen.

Das ISP-Trainingsmodell ist nachhaltiges Hirn-Doping und ein Programm auf Basis der Neurowissenschaften.

Wie Sie bereits wissen, laufen in der nur drei Millimeter dicken Nervenschicht des Kortex die vielleicht komplexesten Prozesse des gesamten Universums ab. Die Herausforderung lautet nun: Wie werden Sie zur Nummer eins im Markt? Wie kommen Sie in den Kopf des Kunden –, vorbei an den drei Millimetern – und bleiben in seinem Herzen? Das ISP-Modell liefert Ihnen eine praktikable, mögliche Antwort.

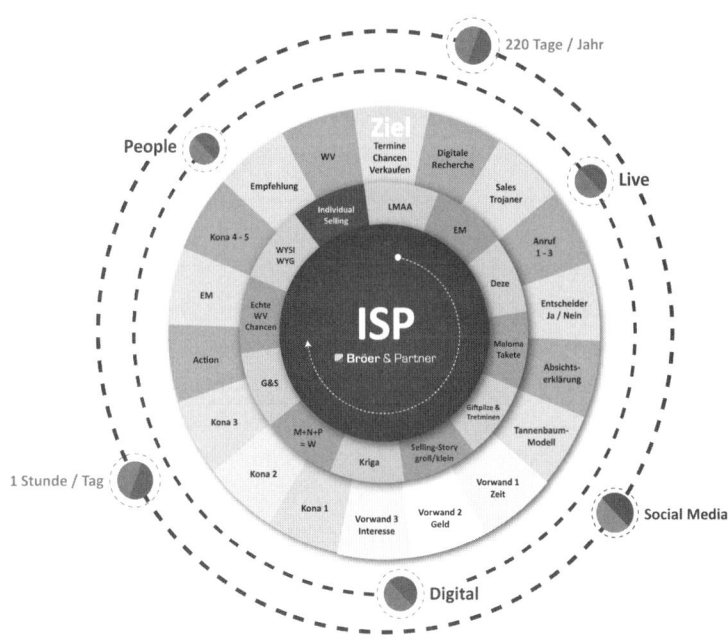

Das ISP-Modell ist, wie zuvor schon beschrieben, echtes Hirn-Doping. Viel mehr noch ist es aber auch eine spielerische Anleitung zum Vertriebserfolg, zu mehr Spaß und persönlichem Erfolg. Denn es geht um lebenslanges Lernen. Um Lebenszeit! Klassischerweise schlägt ja der Fleißige den Talentierten – mit dem ISP-Modell wird der Fleißige talentiert und damit unschlagbar! Oder vereinfacht gesagt: Das ISP-Modell hilft dem Verkäufer, gezielt besser zu werden, Kunden oder sogar systematisch einen neuen Job zu finden. Das Modell ist anwendbar auf Produkte, Dienstleistungen und Menschen. Er soll Potenziale heben und zur Selbstreflexion und -entdeckung motivieren. Denn es gibt nur eine einzige Verkäuferausbildung – wie Goethe schon sagte: Erfolg beschreibt man mit drei Buchstaben – TUN.

Das ISP-Modell ist eine höchst emotionale spielerische Ausbildung. Spielen Sie, lernen Sie und machen Sie Fehler! Bedenken Sie immer: Die Titanic wurde von Profis gebaut, die Arche von Amateuren. Lernen Sie! Lernen Sie spielerisch das Verkaufen – nur spielen Sie kein langweiliges Pingpong, sondern Schach. Oder wenigstens Monopoly.

In einzelnen einfachen und wiederholbaren Modulen lernen Sie alles Notwendige kennen, um es zu beherrschen und richtig einzusetzen. Sie bekommen einen Werkzeugkasten – vollgepackt mit wertvoller Ausrüstung und flankiert von Hilfsmitteln aus der digitalen Welt. Damit sind Sie gerüstet vom Pitch bis hin zur Faktura. Sie werden es nicht vergessen, weil es Spaß macht und sich Erfolge einstellen. Automatisch spielen Sie gern weiter, werden immer besser und vergessen die Regeln NICHT. Sobald Sie diese verinnerlicht haben, benutzen Sie die Tools intuitiv. Und Sie kennen damit einen Weg zum Kunden, der von dessen Kopf direkt in sein Herz geht und dort bleibt.

Bevor die einzelnen Module beschrieben werden, ist es wichtig, das Modell als Ganzes zu begreifen. Das ISP-Modell besteht aus vier Teilen. Die ersten drei davon sind folgende Kreisläufe:

1. Der innere Kreislauf besteht aus den ersten zwölf Strategien – analog zum Schach. Dort finden Sie zwölf spezielle Verkaufsinstrumente. Diese sind Ihre Basiswerkzeuge, die Sie im Schlaf können müssen. Es geht um die wichtige Rolle des Lächelns, um emotionale Marker und um die Aufwertung Ihres Gegenübers. Ihre Wortwahl und ihre Reaktion auf etwaige Angriffe durch den Kunden stehen genauso im Mittelpunkt wie die große Bedeutung Ihrer Selling-Story. Dieses »Handwerkszeug« müssen Sie lernen, erlernen und schleifen, um es operativ einsetzen zu können. Wenn Sie dann noch verstehen, dass Verkaufen kein Krieg ist und was Wert stattdessen wirklich bedeutet, haben Sie eine starke Basis gelegt. Damit schaffen Sie die Voraussetzung, um beim Kunden erfolgreich bestehen zu können.

2. Auf dem zweiten Kreis befinden sich die nächsten 14 Regeln: die Spielregeln im Verkäufer-Schach. Es sind dies 14 erprobte Erfolgsmodelle, die aus Hunderten erfolgreicher Kundengengespräche herausgefiltert wurden. Es geht dort um die Vermittlung von Wissen und Techniken für die kritischen Phasen eines Verkaufsgesprächs. Wenn Sie diese verstanden haben, dann werden Sie in konkreten Situationen den individuellen Weg zu Ihrem Kunden finden – und das immer schneller, immer leichter und immer intuitiver. Wir haben zunächst alle Regeln definiert, um dann als Elite Sales gegebenenfalls die eine oder andere Ausnahme (z.B. Individual Selling) oder Freestyle zu erlauben. Diese Regeln müssen gebetsmühlenartig gelernt, trainiert und dann operativ angewandt werden. Fehlt eine Regel, ein Schachzug, dann wäre das, als ob man Schach nur mit Bauern spielte oder eben nur mit Königen. ISP = Regeln, um in den bekannten Feldern und Spielzügen richtig agieren zu können. Und das von Kunden- und Verkäuferseite. Kennt man die Regeln UND die Strategie (innerer Kreis), dann können Sie Verkäufer-Schach beziehungsweise – wenn Sie wollen – Verkäufer-Monopoly spie-

len. Sie müssen es dann nur noch tun. Achtung: Die Regeln zu kennen bedeutet nicht immer, zu siegen. Doch auch große Siege kommen in kleinen Portionen!

3. Als Erstes gilt es nun, dass Sie sich Ihr Ziel klar vor Augen führen und die notwendigen Recherchen erledigen. Dann geht es gleich um die Anrufe. Sie wollen ja Akquise machen und keine Theoriearbeit abgeben. Es geht darum, möglichst schnell dem Entscheider meine Verkaufsabsichtserkärung zu vermitteln. Mit dem richtigen Gesprächsleitfaden, den Basistechniken zur Einwandsbehandlung und Wissen über Kundennutzen kommen Sie an Ihr Ziel. Wichtig ist: In dieser Phase müssen Sie aktiv arbeiten, um konkret etwas zu erreichen.

4. Auf dem äußersten Kreislauf befindet sich als letztes Modul die »Zeit«. Sie ist ein so wesentlicher Hilfsprozess für Ihren Verkaufserfolg, dass sie einen eigenen Kreislauf erhalten hat. Hier kommen Sie und Ihre Akquisetätigkeit in Schwung. Hier wird die Sache dann buchstäblich rund. Ein Verkäufer muss 220 Mal pro Jahr aktiv und operativ Menschen kennenlernen – und das kontinuierlich, mindestens eine Stunde pro Tag. Niemand macht fünf Stunden Akquise am Freitagnachmittag! Es sei denn, er ist Call-Center Agent. Außerdem muss, kann und soll der Verkäufer heute entsprechend den digitalen Möglichkeiten SMART arbeiten. Kunden wollen heute schlau einkaufen, Verkäufer können sich und ihr Produkt im Gegenzug schlau vermarkten. Also muss der Verkäufer von heute zum SENDER werden. Er kann sich und seine Leistungen auf allen Social-Media-Plattformen aktiv (oft kostenlos!) vermarkten. So erreicht er allein bei Facebook 900 Millionen Menschen – weltweit. Die sollte er mal versuchen, alle anzurufen! Daneben kann er sich bei YouTube vermarkten, seine Dienstleistung per Video verkaufen. Vor allem: Hier wird er gefunden, wenn der Kunde ihn sucht. Wer nicht auffällt, fällt weg!

5. Neben den Kreisläufen hat das Modell noch diverse Trabanten: People und Sales Digital. Das sind die begleitenden Umstände, die heute mehr denn je zum aktiven erfolgreichen Vertrieb gehören. Menschen! Menschen die sowohl analog als auch digital ihr Handwerkszeug kennen und beherrschen. Hier kommen alle Spielzüge und alle begleitenden digitalen SPIELVARIANTEN zusammen. Ein viertes Segment befindet sich in der Mitte des Modells, nämlich sein Zentrum, sein Kern, um den sich alles dreht. Es geht dabei um Wissen, um intuitives Handeln und Ihre Entscheidungen, die Sie treffen oder auch nicht. Es ist der Ort, an dem Ihre Bauchentscheidungen entstehen und der die Basis sowohl für die Verkaufswerkzeuge als auch für die Erfolgsmodelle ist. Ohne Ihr richtiges Bauchgefühl funktioniert keines davon authentisch. Verkaufserfolg braucht ein gutes Bauchgefühl. So sehr es auch Grundlage für Erfolg darstellt, so sehr wird es aber auch durch die Verkaufsinstrumente und die Erfolgsmodelle geschult und immer miteinbezogen. Das ist der Trick.

> Indem Sie sich spielerisch und offen durch die verschiedenen Kreisläufe bewegen, stärken Sie gleichzeitig Ihr Bauchgefühl.

Damit kennen Sie nun den Aufbau und die Zusammenhänge des ISP-Modells. Bevor Sie nun Ihre Reise durch das Modell hin zu Ihrer persönlichen Verkaufsmeisterschaft antreten, nehmen Sie sich etwas Zeit und formulieren Sie im Anschluss Ihre persönlichen Lernziele. Schreiben Sie auch Ihre Schwachstellen auf, die Sie stärken wollen. Und vergessen Sie nicht Ihre Stärken, die Sie ausbauen wollen. Kommen Sie später immer wieder auf Ihre Notizen und Ihre persönlichen Ziele zurück und kontrollieren Sie, ob Sie sich noch auf dem richtigen Weg befinden und wie weit sie diesen schon gegangen sind. Viel Vergnügen dabei.

Lernziele

1. ....
2. ....
3. ....
4. ....
5. ....

Schwächen

1. ....
2. ....
3. ....
4. ....
5. ....

Stärken

1. ....
2. ....
3. ....
4. ....
5. ....

Wir wenden uns nun als Erstes dem inneren Ring, den Handwerkszeugen zu, welche die die Grundlage aller Vertriebsaktivitäten bilden.

5.1 LMAA

Märkte sind Gespräche und Verkaufen ist und bleibt Menschensache. Gute Geschäfte werden nämlich nicht per Fax oder E-Mail gemacht. Diese sind lediglich Hilfsmittel, wenn natürlich auch sehr wertvolle. Und ein gutes Angebot interessiert nur dann, wenn derjenige, der es machen soll, inhaltlich, aber auch menschlich überzeugen kann. Sie müssten schon das Glück haben, Viagra oder ein anderes Produkt mit einer marktdominierenden Position im Angebot zu haben, dass Sie auch ein richtiges Ekel sein können und Ihnen die Produkte dennoch aus der Hand gerissen werden. Und selbst dann stellt sich die Frage, ob dauerhafter Erfolg garantiert ist. Von Ihnen hinge er dann nicht ab, sondern nur davon, ob das Produkt weiterhin seine Marktposition behält. Das sind auch keine besonders sympathischen Aussichten.

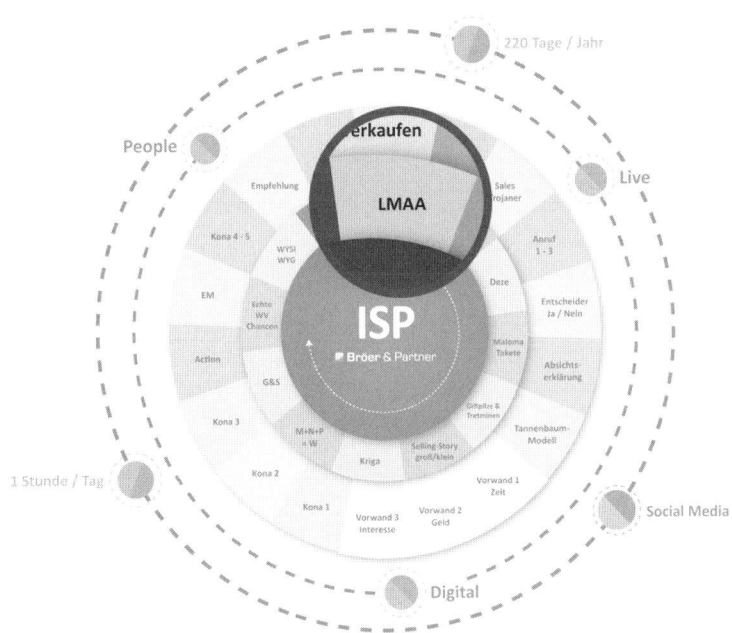

Verkaufserfolg steht und fällt daher mit dem menschlichen Faktor. Das ist auch der Grund, weswegen dieser im ISP-Modell an erster Stelle behandelt wird. Und wie zeigen Sie am besten, dass Sie für ein informatives Verkaufsgespräch offen sind und man mit Ihnen einen guten Deal machen kann?

LMAA = Lächle mehr als andere.

Wenn Sie als Verkäufer nicht lachen können, dann tun Sie das vielleicht auch privat nicht? Wachen Sie auf! Mit wem möchten Sie denn Geschäfte machen? Oder glauben Sie wirklich, dass Ihre Ansprechpartner nicht gern lachen oder mitlachen?

5.2 EM

(Kunden-)Treue ist für Unternehmen etwa dasselbe wie eine junge Liebe. Alle wollen sie und doch ist sie scheinbar spontan und vor allem unberechenbar. Genauso schnell und wild, wie sie kam, ist sie dann auch schon wieder vorbei. Das ist im Geschäftsalltag nicht anders. Da Ihre Kunden, Märkte und Menschen vernetzt sind, finden sich im Handumdrehen neue Liebschaften an allen Fronten. Machen Sie sich doch ein Bild von der Vergänglichkeit. Dazu dient die folgende kleine Gedächtnisübung:

1. Erinnern Sie sich noch an Ihre zweite oder dritte Beziehung? Wie hieß er oder sie? Was aß Ihr Partner am liebsten? Welche Augenfarbe hatte er oder sie?

2. Was haben Sie vor zeh Tagen gemacht? Was haben Sie zu Mittag gegessen? Was hatten Sie an?

Fragen über Fragen und unser Gehirn spielt uns an dieser Stelle einen kleinen Streich. Sie haben es erlebt, Sie waren dabei. Sie waren der Akteur in Ihrem Leben. Nur erinnern Sie sich nicht mehr – zumindest nicht an alles. Denken Sie jetzt nicht, unser Gehirn – also das Ding da zwischen Ihren Ohren, das aus Nervengewebe besteht – hätte zu wenig freien »Speicher«, um sich spannende oder langweilige, wertlose oder unwichtige Dinge zu merken. Unser Gehirn könnte das. Aber:

> Unser Gehirn will nicht immer so, wie wir es wollen, da wir nicht immer Herr im eigenen Hause sind.

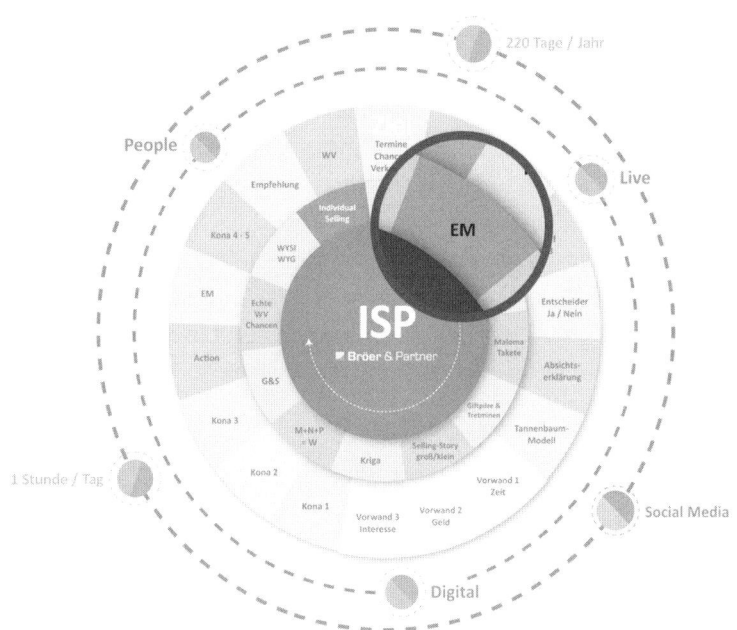

Schätzungen zufolge kann das menschliche Gehirn etwa 100 Terabyte an Daten in chemischer Form in den Synapsen halten. Wir verfügen also über viel (Festplatten-)Speicher, damit wir viel »mitschreiben« können. Allerdings müssen die Botschaften zunächst durch verschiedene Filter, damit sie nicht nur irgendwo auf der Festplatte abgelegt werden, sondern wir die Informationen bei Bedarf auch wieder finden. Wenn das so ist, dann gibt es für Ihren Kundenkontakt nur ein Ziel:

> **Bleiben Sie bei Ihren Kunden auf dem Radarschirm. Ganz oben!**

Wir müssen und können unser Erlebtes mit einem Marker versehen oder versehen lassen. Das Mittel der Wahl, damit Sie als Profi nicht in Vergessenheit geraten, damit Sie in ein paar Wochen wieder bei Ihrem potenziellen Neukunden anrufen können und damit er sich auch an Sie erinnert, das Mittel zum Zweck heißt – Emotion.

Gefühle aller Art eignen sich hervorragend, um Informationen mit einem Marker auf Ihrer »Festplatte« in Ihrem Gehirn zu speichern. Sie erinnern sich nicht an das, was Sie vor zehn Tagen gemacht haben, aber Sie werden niemals die Bilder vom 11. September vergessen. Auch Ihre Hochzeit oder die Geburt Ihres Kindes wird Ihnen ewig in Erinnerung bleiben. Plötzlich sind die Bilder in Ihrem Kopf und die Gefühle in Herz und Bauch. Wir alle funktionieren so.

> **Setzen Sie im Gespräch einen authentischen emotionalen Marker.**

Achten Sie aber darauf, dass der Marker zu Ihnen passt. Es geht schließlich nicht darum, dass der Kunde jedes Mal eine Gänsehaut bekommt, wenn er an Sie denkt, und sich dabei ganz weit weg wünscht. Er soll sich stattdessen freuen, wieder von Ihnen zu hören.

5.3 Deze

Ein tolles Verkaufsgespräch ist wie das Wippen auf dem Spielplatz. Und die Wippe wippt nun einmal nur, wenn die Gewichte richtig verteilt sind. Es geht um Ihre Gesprächsanteile, die Anzahl der Fragen und Antworten. Der Spaß beim Wippen entsteht eben erst durch das Hin und Her, das Auf und Ab – und nicht durch einseitiges Monologisieren oder durch ein tristes Frage-Antwort-Spiel. Das ist ja auch langweilig!

> Wer nicht auffällt, fällt weg!

Erzeugen Sie daher Spannung in Ihren Gesprächen, indem Sie mehrere Bälle ins Spiel bringen und dort auch halten. Dazu gehört zum Beispiel, mit viel Mut das zu sagen, was Sie gerade in Ihrem Bauch fühlen. Das mag besonders für Männer ungewöhnlich klingen, weil diese zumindest im beruflichen Kontext traditionell wenig über »Gefühle« reden. Wenn Sie aber eine erfolgversprechende Brücke zu Ihrem Kunden schlagen wollen, dann kommen Sie nicht umhin, authentisch zu kommunizieren. Und die dafür nötige innere Wahrheit sitzt in Ihrem Bauch. Vergessen Sie nicht:

> Wer alle Kunden gleich behandelt, will allen das Gleiche verkaufen.

Kunden kennen diese Gleichbehandlung zur Genüge. Es ist daher kein Wunder, dass Abschlüsse immer mehr über das anonyme Internet gemacht werden, wenn Verkäufer den menschlichen Faktor vergessen.

Also, fallen Sie auf, seien Sie bunt und sagen Sie es auch einmal, wenn Ihr Kunde etwas Gutes gesagt oder getan hat. Werten Sie ihn dezent auf. *Deze* lautet daher das Motto!

Beziehen Sie Stellung. Mit einer authentischen, menschlichen Stimme zu sprechen, ein kleines Kompliment zu machen, das ist kein Trick oder gar Manipulation. Natürlich ist es auch kein Garant für einen Auftrag, aber ein Hinweis auf Ihre menschlichen Fähigkeiten. Außerdem dient es dazu, eine gute Beziehung zum Gegenüber aufzubauen und dieses Ziel sollte das Normalste auf der Welt sein. Zudem hebt das richtige Kompliment das Selbstwertgefühl Ihres Gesprächspartners und schafft eine gute Stimmung. Sie erinnern sich sicher, wie es sich anfühlt, wenn Sie ein tolles Kompliment bekommen. *Deze* ist eine Kunst. Damit Komplimente authentisch wirken, gibt es einige Punkte zu beachten …

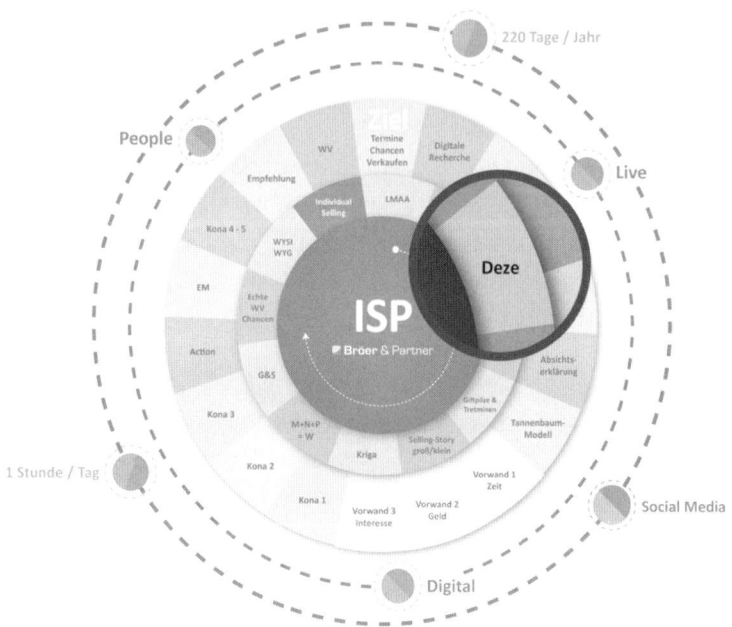

Seien Sie ehrlich

Menschen merken es, wenn sie angelogen werden. Vor allem bei Komplimenten wird gern und viel geheuchelt. Dann sind Komplimente aber nicht mehr echt, sondern werden zu manipulativen Zwecken missbraucht. Diese Versuche sind meistens sehr durchsichtig und führen nicht zum gewünschten Ziel. Vertrauen Sie daher Ihrem Bauch. Er teilt Ihnen mit, wenn ein Kompliment gebracht ist.

Seien Sie konkret

Wenn sich Ihr Bauch meldet, um Ihrem Gegenüber ein positives Feedback zu geben, dann vermeiden Sie Gemeinplätze. »Sie sind ein toller Kunde.« »Das ist ein interessantes Gespräch.« Solche Aussagen haben keine Kraft und verfehlen daher ihre Wirkung. Überlegen Sie stattdessen, was Ihnen in der Situation oder am Menschen in diesem Moment so gefallen hat, dass Sie es gern lobend hervorheben wollen. Werden Sie konkret. Das ist gutes Feedback, das Ihrem Gegenüber zum einen weiterhilft und zum anderen zeigt, dass Sie ein aufmerksamer Kommunikationspartner sind.

Seien Sie dezent

An diesem Punkt werden Komplimente zur Kunst. *Deze* ist die Würze. Sie erinnern sich an die Wippe? Dezente Komplimente sorgen dafür, dass die Schaukel sich so bewegt, dass keiner vor Langeweile einschläft oder im Gegenteil von der Schaukel geworfen wird. So neigen eher introvertierte Menschen zu flachen Komplimenten mit neutralen Adjektiven wie »nett« und »positiv«. Impulsive Menschen hingegen greifen gern in die Vollen und schrecken auch vor Adjektiven wie »bombastisch« und »himmlisch« nicht zurück. Ihren Gesprächspartner richtig einschätzen zu können, das ist die Kunst des Schaukelns. Sie kann nicht in einem Vortrag oder einem Seminar geübt werden, sondern bedarf der Kalibrierung im Alltag.

Rüsten Sie sich gut, indem Sie folgende Übung durchführen, damit Sie Komplimente in Zukunft authentisch machen können. Nehmen Sie sich vor, innerhalb einer Arbeitswoche jeden Tag potenziellen Kunden zwei Komplimente zu machen. Ihr Ziel ist, ein authentisches Kompliment am Tag zu schaffen. Achten Sie dabei auf die eben genannten Punkte und hören Sie auf Ihren Bauch! Notieren Sie am Ende der Woche Ihre fünf persönlichen Highlights an Komplimenten. Wie lauteten die Komplimente? Kamen Sie an? Kamen Sie gut an? Was hat sie besonders authentisch gemacht? Wie hat der Kunde auf Ihre Komplimente reagiert?

Meine fünf besten Komplimente

6.

Begründung:

7.

Begründung:

8.

Begründung:

9.

Begründung:

10.

Begründung:

Zum Schluss noch ein kleiner Hinweis: Bekamen Sie ein Kompliment zurück oder sogar eines, ohne dass Sie vorher ein Kompliment gemacht hätten? Falls ja, wie haben Sie darauf reagiert? Haben Sie gestutzt und verschämt gelacht? Haben Sie es relativiert? Haben Sie gleich ein noch viel größeres Kompliment nachgeschoben? Hoffentlich nicht. Stattdessen freuen Sie sich, setzen Ihr Lächeln auf und antworten mit einem einfachen »Danke«.

5.4 Maloma oder Takete

Stellen Sie sich vor, Ihre kleine Nichte würde Ihnen zwei ihrer selbstgemalten Kunstwerke hinlegen. Auf dem einen ist eine Form, die einer Wolke ähnelt, zu sehen, auf dem anderen eine Art zackiger Stern. Wenn Sie jetzt raten müssten, welche Namen Ihrer Nichte den beiden Bildern gegeben hat, welches Bild würden Sie für »Maloma« halten? Das mit der Wolke oder das mit dem Stern? Und welches Bild wäre »Takete«? Wahrscheinlich haben Sie die Wolke Maloma genannt und den Stern Takete, oder?

Es gibt Worte, Begriffe und Aussagen, die eine solch hohe emotionale Schusswirkung haben, dass sie direkt Herz und Bauch Ihres Gesprächspartners treffen.

Zur Veranschaulichung dient folgendes kleine Experiment:

Lesen Sie sich die folgende Wortliste durch. Gehen Sie dabei Wort für Wort durch und lassen Sie sich ein wenig Zeit: Klimakatastrophe, Bankenpleise, Arm durch Arbeit, Eurokrise, Konjunkturkrise, Hartz IV, Rettungsschirm, Staatskrise, Pisa-Schock, Fukushima, Sozialabbau.

Was lösen diese Worte in Ihnen aus? Wie fühlen Sie sich, nachdem Sie die Liste durchgelesen haben?

Nun lesen Sie folgende Liste durch, ebenfalls langsam: Sonnenschein, Wochenende, Lachen, Liebesbrief, Beteiligung, Urlaub, Kuss, Jackpot.

Was macht diese Liste mit Ihnen? Vergleichen Sie die Wirkungen der beiden Listen auf Ihre Stimmung.

Denken Sie in Zukunft öfters an dieses kleine Experiment. Häufig, ohne dass Sie es wissen oder beabsichtigen, sorgen Sie in Kundengesprächen durch Ihre Wortwahl selbst für Widerstände oder bauen Misstrauen auf. Vermeiden Sie daher problematische Takete-Worte und wechseln stattdessen hin zu Maloma-Worten.

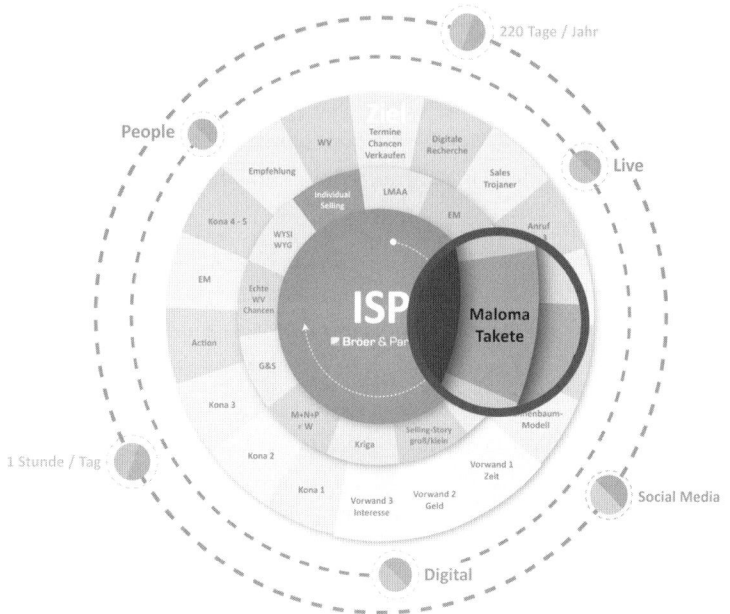

Maloma bedeutet:

Liefern Sie Informationen, machen Sie humorvolle Bemerkungen.

Es kann auch sein, dass Sie Gegenargumente entkräften müssen. Aber Sie bleiben dabei weich und offen – Maloma eben. Bleiben Sie dabei bei Ihrer Stimme. Die ist offen, natürlich und unverfälscht.

Takete bedeutet:

Achten Sie darauf, dass Sie keine Mülleimerworte und leeren Phrasen verwenden.

Sie haben immer die Wahl. Die Gedanken sind schneller als das gesprochene Wort. Nutzen Sie diesen Vorteil und denken Sie nach.

> Ihre Sprache muss »indikativ« sein und nicht »konjunktiv«.

Konjunktive weichen Ihre Absicht auf und verunsichern. Wenn Sie nicht wissen, was Sie wollen, glauben Sie dann, dass Ihnen ein starker Gesprächspartner folgen wird? Konjunktive sind der stille Killer im Verkaufs- und Entscheidungsprozess. Der soeben verlorene Kunde weiß oft gar nicht, warum er nicht bei Ihnen kaufen will, warum er doch noch einen zweiten Verkäufer anhören will. Denken Sie mal nach: Wenn Sie nicht wissen, was Sie wollen, woher soll Ihr Kunde es dann wissen? Konjunktive töten – langsam aber sicher. Versprochen. Bestes Beispiel: Stellen Sie sich vor, Sie machen Ihrer Traumfrau einen Antrag mit dem Wortlaut: »Du Schatz könntest du dir vorstellen mich zu heiraten?« Was, meinen Sie, ist die Antwort? Alternative: »Heirate mich und der Rest deines Lebens wird großartig!« Na, verstanden? Ein gutes Beispiel für Aussagen im Indikativ, hier sogar als begeisternde und motivierende Aufforderung formuliert. Indikativ bedeutet: Sprechen Sie klar und deutlich. Benutzen Sie keine Füllwörter oder langweiligen Floskeln. Sie sind der Kapitän am Ruder. Und am Ruder kann es nur einen Kapitän geben. Hier liegt Ihre Chance, aber auch eine Gefahr. Benutzen Sie Worte, Begriffe und Aussagen, die Vertrauen schaffen und Wohlbefinden erzeugen.

5.5 Giftpilze & Tretminen

Reagieren Sie nicht auf alles, was der Kunde im Gespräch fallen lässt, schon gar nicht, wenn Sie gerade in der Preisverhandlung sind. Sie wissen, dass kein potenzieller Kunde sich darüber freut, dass Sie an sein Heiligtum wollen: an sein Geld, sein Kapital, seine Rücklagen und seine Zeit. Menschen sind von Natur aus neugierig, haben aber genauso auch Angst vor Verlust. Er wird es Ihnen also nicht leicht machen. Er wird Ihnen Giftpilze anbieten und Tretminen in den Weg legen. Na und? Wenn es einfach wäre, einen Kunden zu gewinnen, dann würden sich viel mehr Menschen Profi-Verkäufer schimpfen.

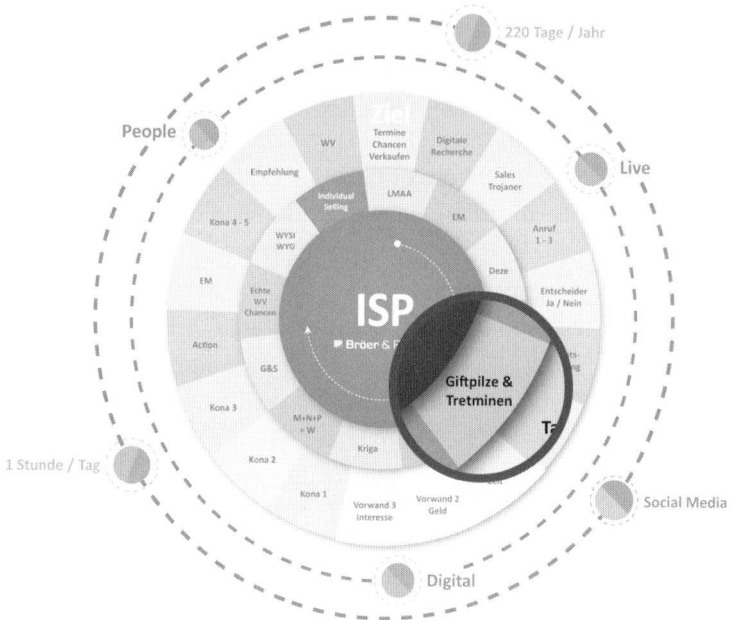

Spielen Sie Schach? Falls nicht, lernen Sie es. Lernen Sie, »Schachzüge« im Voraus zu planen, und erkennen Sie Aktionen und Reaktionen frühzeitig. Reagieren Sie auf folgende Aussage spontan: »Na ja, Ihr Angebot klingt toll und ich möchte auch mit Ihnen zusammenarbeiten, nur Sie sind viel zu teuer!« Spontan springen unerfahrene Verkäufer direkt auf den Preis. Schlimm, fatal, nicht mehr zu reparieren. Lassen Sie den Giftpilz »Preis« doch für einen Moment mal außer Acht. Denn die Aussage des Kunden beinhaltet vorweg zwei positive Aspekte. Die gilt es zu hören, anzunehmen und dann damit zu arbeiten. Es gibt eine Regel:

> Wenn der Preis wirklich kriegsentscheidend ist, dann wird der
> Kunde auch noch einmal mit Ihnen darüber sprechen wollen.

Und wenn der Kunde es nicht macht, dann haben Sie wenigstens im
Nachhinein gelernt, dass Sie nicht am Preis gescheitert sind.

5.6 Selling-Story

Achtung: Nicht lesen! Bitte nicht weiterlesen. Wie sieht es mit Ihrer
Aufmerksamkeit aus? Sind Sie gespannt und ein wenig neugierig auf
das, was jetzt vielleicht kommt?

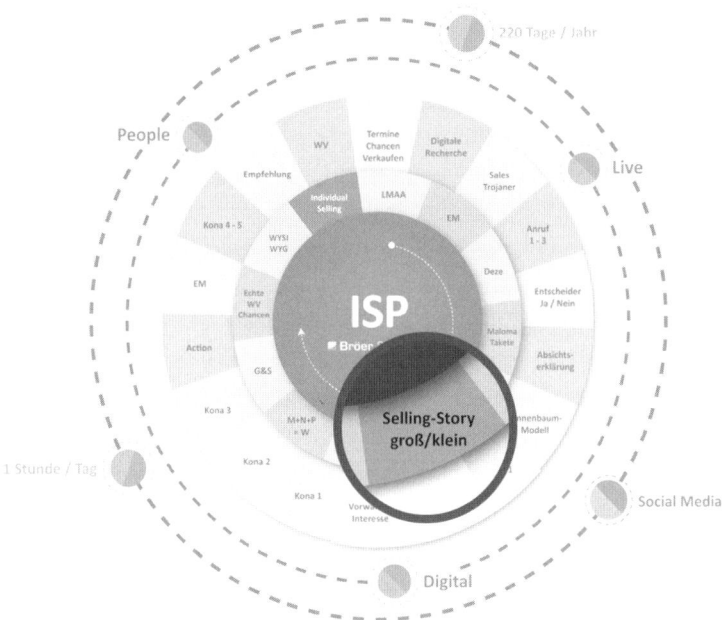

Wie auch immer – wenn Sie Akquise betreiben, täglich und systematisch, dann werden Sie früher oder später deutlich spüren, was es be-

deutet, wenn Sie die Aufmerksamkeit des Kunden bekommen. Für Ihren Verkaufserfolg ist es bei Neukundenakquise entscheidend, Ihr Gegenüber neugierig zu machen, damit er oder sie nicht nach zwei Minuten Frage-und-Antwort-Spielchen genervt auflegt. Aufmerksamkeit ist eine rare, sehr kostbare Ressource. Folgende alte Regel stimmt immer noch:

> Nicht der Bessere gewinnt, sondern der Schnellere.

Die Regel funktioniert aber nur dann, wenn der Verkäufer nicht nur besser ist, sondern sich auch als besser verkauft. Das ist ein entscheidender Punkt. Jeder weiß, dass die Qualität in einem Shop nicht besser ist, nur weil in einer Ecke des Ladens Champagner oder Kaffee zum Shoppen angeboten wird. Auch der rote Teppich vor der Ladentür macht es nicht. Fruchtgummis bleiben Fruchtgummis, egal, ob Frau Klum sie sich zwischen ihre Zehen steckt oder nicht. All diese Punkte für sich genommen führen nicht zum Verkaufserfolg.

Will man einen Kundenauftrag für sich gewinnen, muss man sich also einem doppelten Wettkampf stellen und diesen für sich entscheiden: den Wettkampf um die Qualität und den um die Kommunikation der Qualität. Es ist also die Geschichte um Frau Klum und die Fruchtgummis, die über einen Verkaufserfolg der Süßigkeiten entscheidet. Ein Verkäufer, der selbst keine Geschichten erlebt hat, kann auch keine erzählen. Er kann sich zwar eine Geschichte ausdenken, kann sie aber nicht authentisch kommunizieren. Jeder kennt solche Situationen. Nehmen wir an, Sie sind Fußballfan und unterhalten sich lebhaft mit einem Freund über das Spiel vom letzten Sonntag in der Arena. Nun kommt ein Bekannter hinzu und versucht, sich in die Unterhaltung mit einigen interessanten »Fakten« einzubringen. Schnell merken Sie, wenn es sich hier nur um Halbwissen handelt und der Betreffende ganz offensichtlich noch nie in einem Stadion war. Das ist peinlich und auch ziemlich überflüssig.

Leider passiert dies nicht nur im Privatleben, sondern auch in an sich professionellen Umgebungen. Hat ein Verkäufer zu wenig Erfahrung mit seinen Produkten, Dienstleistungen oder zu wenig persönlichen Kundenkontakt, beginnt er bei der Akquise damit, sich rein mental auf den Kunden einzuschießen. Er startet mit dem Aufzählen von Merkmalen und wird sehr schnell in einer Preis- oder Rabattschlacht landen.

Besser gesagt: Ein MUSS-Verkäufer langweilt alle.

Ihm fehlt das Standard-Handwerkszeug, das er unbedingt benötigt, damit er ein kleines Boot bauen und mit dem Kunden gemeinsam auf eine Reise gehen kann. Schlechte Verkäufer ohne spannende Geschichte verursachen puren Stress für alle Beteiligten. Der Kunde ist gelangweilt, genervt und gestresst, der Muss-Verkäufer ebenfalls, weil Erfolge klar ausbleiben. Und der Chef macht sowieso Stress, weil die Abschlussrate unterirdisch ist. Sogenannter »Customer Stress« entsteht. Dazu kommen große Verluste durch Konfusion. Die Reibung wird immer größer und eine Abwärtsspirale droht sich zu etablieren, an deren Ende das endgültige Scheitern des Verkäufers steht.

Eine gute Selling-Story ist die beste Prävention dagegen. Sie hilft dabei, Aufmerksamkeit zu erzeugen. Sie öffnet damit den Raum, schafft Platz für ein gutes Verkaufsgespräch, in dem dann nach allen Regeln der Kunst – der Verkaufskunst – verkauft werden darf. Aber auch Kunst kann man lernen, zumindest die Basis davon. Selling-Storys funktionieren nach einem bestimmten Schema, das Sie sich gut einprägen sollten. Am besten üben Sie die einzelnen Schritte gleich mit und entwickeln so Ihre ganz persönliche Selling-Story. Dafür bekommen Sie nach jedem Baustein für die Story etwas Platz, damit Sie Ihre Einfälle, Erkenntnisse und Zusammenfassung niederschreiben können. Tun Sie das unbedingt, denn die Selling-Story ist eines der erfolgskritischen Werkzeuge in Ihrem Werkzeugkasten.

Schritt 1: Die Botschaft

Haben Sie etwas Wichtiges und Interessantes zu erzählen? Damit heben Sie sich stark von den Zeitgenossen ab, die überall mitreden, ohne dabei zu wissen, wovon Sie reden, eben genau so wie bei dem Fußballfan-Beispiel. Kennen Sie Ihr Produkt oder Ihre Dienstleistung auswendig? Kennen Sie die Geschichte dazu, wie es entstand, wer es erfunden hat und wer es am liebsten benutzt?

Sammeln Sie in Stichpunkten einige spannende Details und vergessen Sie nicht: Gerade, wenn Ihnen das Produkt oder die Dienstleistung, die Sie verkaufen wollen, anfangs langweilig und austauschbar erscheint, müssen Sie noch tiefer graben. Stoßen Sie zum Kern Ihrer Geschichte vor. Nehmen Sie dabei den Blickwinkel eines Kunden ein. Was würde Sie als Kunde an Ihrem Produkt interessieren? Was möchten Sie gern hören?

Schritt 2: Gesprächseinstieg

Beginnen Sie mit einer kurzen, klaren Absichtserklärung. Menschen sind von zwei großen Kräften getrieben: Angst und Neugierde. Bedienen Sie zuerst die Angst, sind Sie draußen. Besser daher: Versprechen. Machen Sie Ihren Kunden auf sich und alles, was dann kommt, neugierig! Sagen Sie ihm, dass Sie etwas haben, wovon er möglicherweise profitieren könnte. Sagen Sie ihm, dass Sie etwas Interessantes anzubieten haben und er möge sich davon persönlich überzeugen, ob es sich für ihn lohnt. Die Einleitung müssen Sie sich als Köder vorstellen, mit dem Sie Ihrem Kunden die Geschichte schmackhaft machen – oder ihn gleich zu Beginn vergraulen. Und denken Sie immer daran:

Der Köder muss dem Fisch schmecken, nicht dem Angler.

Nehmen Sie hier also wieder unbedingt die Kundenperspektive ein. Am besten testen Sie Ihre Einleitung entweder mit Freunden, in der Familie oder noch besser gleich in echten Kundengesprächen. Damit Sie für Ihre Einleitung genügend Stoff zum Nachdenken haben, hier gleich noch ein kleiner Tipp:

> Verraten Sie am Anfang nicht zu viel.

Sie werden sich fragen, was das heißen soll. Und genau das ist der Sinn dahinter. Wenn Sie Ihrem Kunden in der Einleitung andeuten, dass Sie ihm ein interessantes Angebot machen wollen, ohne gleich mit dem Angebot selbst ins Haus zu fallen, bauen Sie Spannung auf. Sie machen den Kunden neugierig und er wird Ihnen aufmerksam zuhören, während Sie Ihre Argumente vortragen, die Sie der Reihe nach in den nächsten Modulen entwickeln werden.

Nun bauen Sie Ihre eigene Einleitung zusammen. Überlegen Sie sich einige mögliche Gesprächseinstiege, die Sie dann wieder testen.

Schritt 3: Kürze

Sie kennen sicher die Redensart: »In der Kürze liegt die Würze.« Bei Ihrer Selling-Story kommt es nicht auf die Länge Ihrer Rede an. Ein Beispiel aus der Geschichte soll dies verdeutlichen: Abraham Lincoln, der 16. Präsident der Vereinigten Staaten, war fast ganz ohne Schulbildung in der Lage, die geradezu poetisch anmutende »Gettysburg Address« zu schreiben. Sie ging als eine der kürzesten und wichtigsten Reden in die Geschichte der USA ein. 272 Wörter und ein paar Minuten haben Lincoln und seine Rede zur Legende gemacht. An seinen Vorredner, Edward Everett, der zwei Stunden lang redete, erinnert sich heute kein Mensch mehr.

> Kommen Sie bei Ihrer Akquise auf den Punkt.

Führen Sie keine langen Verkaufsgespräche am Telefon. Überzeugen Sie sich selbst davon, dass Sie etwas haben, wovon die Kunden profitieren können. Wenn Sie selbst überzeugt sind, wird es Ihnen leichter fallen, auch die Kunden zu überzeugen. Finden Sie in einem kurzen persönlichen Gespräch heraus, ob Sie mit dem Kunden arbeiten wollen und er mit Ihnen. Dafür reichen gegebenenfalls sogar 272 Wörter.

Also, setzen Sie geistig Ihren Rotstift an und kürzen Sie. Der erste Absatz auf dieser Seite besteht übrigens genau aus 100 Wörtern – nur damit Sie ein Gefühl entwickeln können. Hilfreich ist dann auch die Zeit, die Sie brauchen, um Ihre Selling-Story zum Besten geben zu können. Sie sollten dabei aber nicht hasten, sondern ruhig und in Ihrem normalen Sprechtempo sprechen. Planen Sie auch dialogische Elemente wie Zwischenfragen Ihres Kunden ein. Das Ganze soll schließlich kein langweiliger Monolog oder Vortrag werden. Der Fokus bei Ihren folgenden Notizen sollte daher darauf liegen, dass Sie das Wesentliche Ihrer Selling-Story herausarbeiten und die ganzen Extraschleifen und unnötigen Ergänzungen wegstreichen.

Wenn Ihre Version der Selling-Story in 100 Wörtern Platz hat, dann Gratulation. In einem Verkaufsgespräch haben Sie eine kurze und knackige Geschichte, um Ihre Kunden zu begeistern. Jetzt heißt es: üben, üben, üben. Nutzen Sie jede Gelegenheit, um an den Feinheiten zu feilen und die Story immer mehr zu Ihrer Geschichte werden zu lassen.

5.7 Kriga

Streiten Sie noch oder verkaufen Sie endlich? Sicher, Sie können über jedes Stöckchen springen, das Ihnen hingehalten wird. Sie können sich Minuten, Stunden, Tage oder sogar Jahre mit einem potenziellen Neukunden streiten. Gründe gibt es in der Tat zuhauf: Mal sind es die Preisvorstellungen, bei denen der Kunde meilenweit von realistischen Zahlen entfernt liegt, mal ist es ein schlechtes Geschäft, das Sie abschließen mussten, oder eine verpasste Chance, weil der Kunde es sich im letzten Moment doch noch anders überlegte. Zur Not halten auch Themen wie die Konjunktur oder der aktuelle Missstand in und zwischen verschiedenen Branchen als Anlässe für Streit her. Es gibt quasi immer einen Grund für alle diejenigen, die gern streiten.

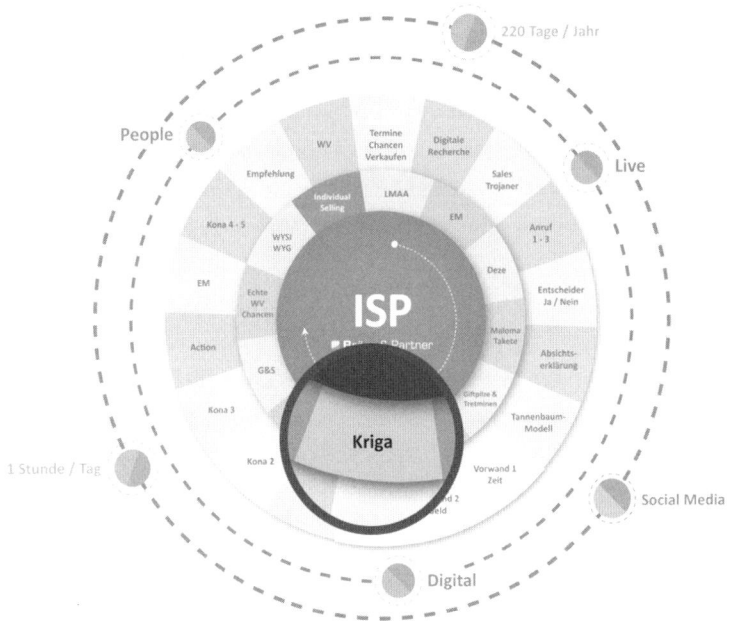

Sie dürfen es aber auch lassen. Ein Merkmal erfolgreicher Menschen ist deren Optimismus. Denn Optimismus ist Macht.

> Optimisten haben Erfolg, weil sie fest daran glauben, dass sich alles zu ihrem Besten wenden wird.

Diese Überzeugung zieht Erfolg magisch an, weil die Erwartung von Erfolg bedingt, dass Sie sich viel stärker ins Zeug legen. Sie brennen förmlich von innen, ohne dabei auszubrennen. Das gilt für Sie selbst und für den Kunden und dessen Belange. Arbeit, auch wenn sie momentan viel sein mag, wird als weniger und leichter empfunden. Positives Feedback ist sehr wahrscheinlich und verstärkt die Einstellung noch zusätzlich.

Wer hingegen wenig erwartet, der fühlt sich auch nicht motiviert. Langeweile macht sich breit und kann im schlimmsten Fall sogar zum Bore-out-Phänomen, dem unbekannten Gegenstück von Burnout, führen. Ein negativer Kreislauf wird in Gang gesetzt. Die Betroffenen interessieren sich für immer weniger, auch nicht für die Kunden, deren Fragen und Wünsche. Geistig werden diese Menschen immer träger. Der Erfolg wird immer weniger und bleibt schließlich ganz aus. Aus Langeweile werden dann Wut und Pessimismus.

Aus diesem stark negativen Mental Set heraus werden dann Kriege geführt, wie Sie sie sicherlich aus Ihrem sozialen Umfeld kennen: Ehemann gegen Ehefrau, Chef gegen Angestellter oder eben auch Verkäufer gegen Kunde. Es sind schwache Menschen, deren Stimme versagt hat und die glauben, sich nur noch durch verbale Angriffe gegen die »Schlechtigkeit« der Welt verteidigen zu können. Sie glauben, es nötig zu haben, sich während oder nach einem Verkaufsgespräch mit ihren Kunden zu streiten. Im Kundengespräch finden sie ihren persönlichen Kriegsschauplatz, kurz *Kriga* genannt. Im Gegenüber sehen sie keinen Gesprächspartner, mit dem man gemeinsam Ziele erreichen kann, sondern einen Gegner, den es zu besiegen gilt. Hier gilt das Motto: Gewinnen oder verlieren. Und das erzeugt schließlich auch immer einen Gewinner und einen Verlierer. Win-Win-Situationen sehen anders aus.

Kontroverse Diskussionen sind mit *Kriga* aber ausdrücklich nicht gemeint. Die Bereitschaft, sich auf der Sachebene mit dem Kunden auseinanderzusetzen, ist sogar Pflicht in einem Verkaufsgespräch, das auf Augenhöhe geführt werden soll. Aber wer beleidigt ist oder aufgrund seines verletzten Egos Streit sucht, der sollte sehr ernsthaft über folgende wahre Aussage nachdenken: »The customer is king, he makes paydays possible.« Anders gesagt:

> **Frage:**
>
> Überlegen Sie doch mal: Wer braucht hier wen?

Klar Stellung auf diese Frage bezog Konrad Jud, der stellvertretende Vorstand von Hugo Boss:

> **Antwort:**
>
> »Wissen Sie, Ihr Gehalt bekommen Sie nicht von mir oder von Boss, das bekommen Sie vom Kunden.«

Es gibt also für Sie ein Abhängigkeitsverhältnis von Ihren Kunden und denjenigen, die es werden sollen. Das allein ist schon Grund genug, keine Kleinkriege vom Zaun zu brechen. Wenn Sie Techniken wie *LMAA* und *Deze* verinnerlicht und Ihr Mental Set trainiert haben, kann Ihnen ein Anfängerfehler wie *Kriga* nicht mehr passieren und Ihnen das Leben schwer machen.

Es ist nun Zeit für eine kleine Inventur. Gehen Sie gedanklich die letzten zwei Wochen durch. Hatten Sie in dieser Zeit Streit mit Kunden, Ihrem Vorgesetzten, in der Familie, mit Freunden oder völlig Fremden? Bitte denken Sie daran: Sachlich geführte Kontroversen gehören nicht hierher. Wenn Ihnen keine Situation einfällt, dann Gratulation. Sie sind auf dem richtigen Weg.

Falls Sie mehr als drei Streitsituationen hatten, überlegen Sie doch einmal, was Sie von Ihrem Gegenüber halten. Wie sind Ihre Einstellungen? Und versetzen Sie sich einmal ganz ehrlich in die Lage Ihres Gegenübers. Wie sehen und bewerten Sie die Situation aus seinem Blickwinkel? Sehen Sie das Ganze dann immer noch so streng oder werden Sie ein wenig nachgiebiger, ein wenig mehr Maloma?

5.8 M + N + P = W: Ihre Formel für den Entscheidungsprozess

Früher noch gaben Nutzen und Qualität den Ausschlag, ob ein Produkt oder eine Dienstleistung verkauft wurde oder nicht. Das reicht heute bei Weitem nicht mehr aus. Zu vergleichbar sind viele Produkte geworden, zu austauschbar. Der Wettbewerb konzentriert sich auch nicht mehr auf eine bestimmte Gegend, sondern bei manchen Produkten konkurrieren Sie mit der ganzen Welt.

> **Die Mutter aller Fragen:**
>
> Wann und warum kauft ein Kunde ein Produkt?

Die Antwort auf diese Frage ist ähnlich begehrt wie der Stein der Weisen. Das ISP-Modell bietet als Antwort: Wert. Dieser entscheidet, ob gekauft wird oder nicht. Dahinter steckt eine Formel. Schauen Sie sich die Zusammenhänge zwischen den einzelnen Variablen gut an. Überlegen Sie auch gleich mit, wie es mit Wert bei Ihrem Produkt oder bei Ihrer Dienstleistung aussieht.

Wert

Kunden entscheiden sich zum Kauf, wenn sie der erhaltenen Leistung genug Wert beimessen. Es gibt dabei zwei Arten von Entscheidungskriterien: einerseits primäre Kriterien wie Bedarf, Nutzen und Qualität, andererseits sekundäre Entscheidungskriterien wie Zusatznutzen, Schlüsselinformationen und Qualitätssurrogate. Sie alle tragen Wertkomponenten in sich, die zusammen ein inneres Bild beim Kunden erzeugen, das zum Kauf führt oder nicht.

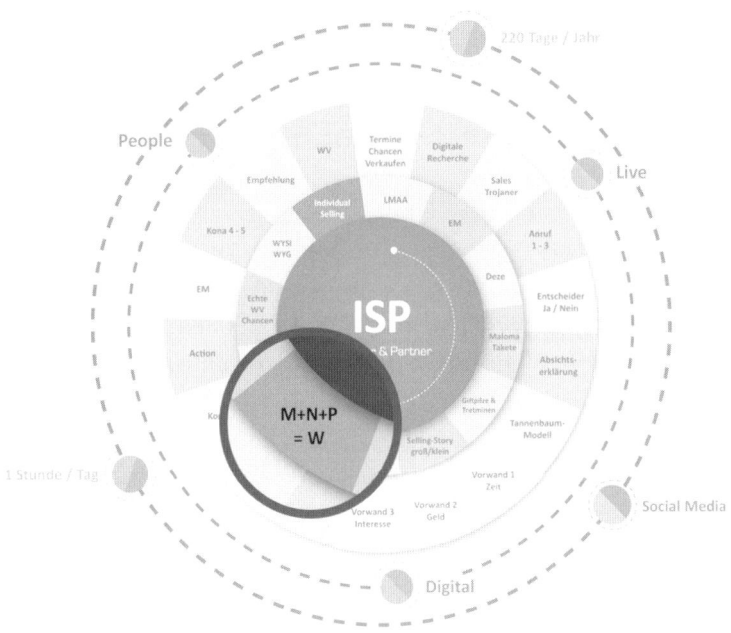

Merkmale

Denken Sie zum Beispiel an eine Zahnbürste, einen Rasierer oder auch an ein Bügeleisen. Alle drei Produkte haben eigentlich ihren Innovationszenit erreicht. Egal, wie viele Extras an die Zahnbürste angebaut werden, sie putzt die Zähne. Ein Rasierer rasiert alle Haare, die Sie kennen, egal, wie der Rasierer auch aussieht. Und ein Bügeleisen bügelt nun mal Ihre Hemden. Die Endlichkeit des Fortschritts ist hier erreicht. Kunden beurteilen heute immer mehr nach Kriterien, die mit der eigentlichen Produktqualität nichts zu tun haben. Denn die Fakten sind oft identisch und die Qualität ist ohnehin im Detail nicht nachvollziehbar. Kunden kaufen heute nach sogenannten Qualitätsersatzstoffen, Qualitätssurrogaten, also Merkmalen, die nicht greifbar sind, »intangibel«. Stellen Sie sich vor, Sie gehen zu einer Bank und das Interieur und das Mobiliar sehen abgerissen und verwohnt aus. Das sagt rein gar nichts über die Beratungsqualität der Bank aus oder über die Höhe der Zinsen, die Sie für Geldanlagen bekommen. Und selbst während des ersten Beratungsgesprächs sind Sie auf sekundäre Entscheidungskriterien angewiesen. Wie zugewandt ist Ihnen der Berater und wie stark geht er auf Ihre Fragen ein?

Sie sehen, welchen großen Einfluss Sie als Verkäufer bei dieser Variable haben. Daher fragen Sie sich selbst: Wie lautet Ihre Selling-Story? Welches sind Ihre Merkmale und vor allem Ihre Qualitätssurrogate? Denken Sie nach. Kommen Sie raus aus dem Mittelmaß und seien Sie kreativ. Notieren Sie im Folgenden mindestens drei Merkmale, die Ihr Produkt oder Ihre Dienstleistung besonders auszeichnen. Und welche drei Merkmale müssten unbedingt verändert werden, damit der Wert deutlich gehoben wird? Gibt es zum Beispiel eine verschlissene Matte beim Firmeneingang oder einen alten Blumenstrauß? Schmeckt der Kaffee immer fade oder sind die Kollegen im Büro immer missmutig? Nehmen Sie sich nun bitte in paar Minuten Zeit und notieren Sie je fünf Merkmale.

Im Anschluss wählen Sie je eins dieser Merkmale aus und tun Sie etwas dafür. Beheben Sie einen Missstand und spielen Sie eine Ihrer Stärken beim nächsten Kundentermin aus.

Positive Merkmale

▷ ....
▷ ....
▷ ....
▷ ....
▷ ....

Negative Merkmale

▷ ....
▷ ....
▷ ....
▷ ....
▷ ....

Nutzen

Sicher kennen Sie den Nutzen Ihres Produkts, oder? Eine Zahnpasta macht Zähne sauber und ein Auto bringt einen von A nach B. Das ist der sogenannte Primärnutzen.

Aber kennen Sie auch den Sekundärnutzen Ihres Produkts? So sorgt die Zahnpasta für ein strahlendes Lächeln und für einen Vorteil beim Flirten. Ein Auto ist vom »guten Stern auf allen Straßen« über »Freude am Fahren«, bis hin zu »mehr Vergnügen« oder einfach »Das Auto« mit Zusatznutzen nur so überzogen. Gerade die Automobilbranche lebt in vorbildhafter Weise vor, wie man sich mit Zusatznutzen nicht nur von der Konkurrenz unterscheiden kann, sondern wie man dadurch einen Mehrwert beim Kunden schafft. Sicherheit, Freude, Freiheit und Status. Das sind alles Erstrebens-WERTE Eigenschaften.

Welchen Zusatznutzen sehen Sie in Ihrem Produkt oder in Ihrer Dienstleistung? Führen Sie mindestens drei unterschiedliche Beispiele auf:

Zusatznutzen

▷

▷

▷

Preis

Dass natürlich der Preis auch eine Rolle spielt, ist für niemanden ein Geheimnis, der als Verkäufer arbeitet. Entscheidend ist hier, dass er nur das alleinige Entscheidungskriterium ist, wenn Merkmale und Nutzen nicht genügend Zugkraft haben. Wenn diese beiden aber richtig in Stellung gebracht werden, dann lassen sich auch hohe Preise leicht und ohne Verhandlung realisieren. Sehen Sie sich nur einmal bei den Autos um, die so gefahren werden.

5.9 G&S = Gebiets- und Selbstmanagement

»Ein blindes Huhn findet auch mal ein Korn« – wer kennt das Sprichwort nicht! Auch im Verkäuferalltag kann man sich natürlich auf diese Strategie verlassen, heute hier, morgen dort sein, mal einen Termin auf dem Land, mal in der Stadt, mal im Industriegebiet. Sicher, es wird sich der eine oder andere Erfolg auch so einstellen. Sie

sind ja gut. Dazwischen liegen jedoch Welten, das heißt viele Kilometer und Stunden – die Sie auf der Autobahn anstatt effizient am
Telefon oder beim Kunden verbringen. Das ist verlorene Zeit! Lebenszeit! Von den Kosten und der Umweltbelastung ganz zu schwei-
gen.

Effizienz ist die Faulheit der Intelligenten.

Daher ist G+S, Gebiets- und Selbstmanagement, ein wichtiger Baustein im ISP-Modell. Bündeln Sie Ihre Aktivitäten und Termine!

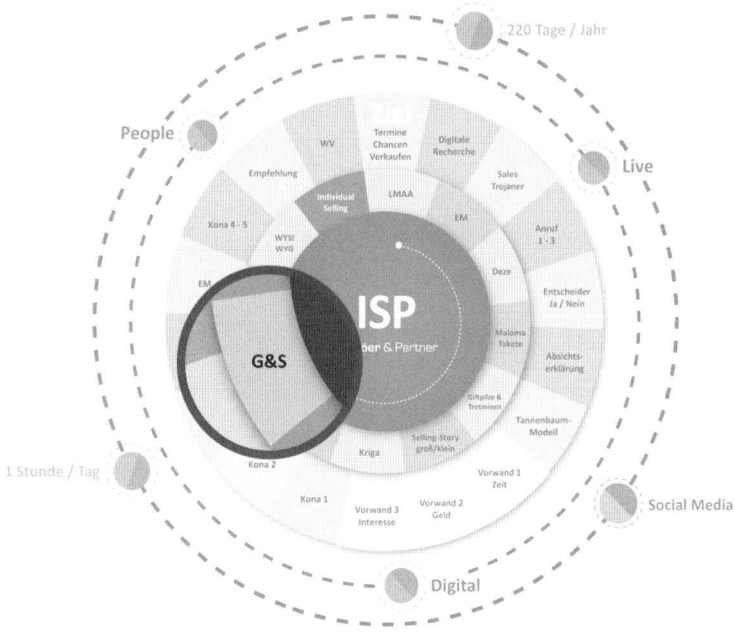

Dafür gehen Sie systematisch nach GRID (engl. für Raster) vor:
Ordnen Sie zunächst Ihre Kunden nach Region, dann nach Ort und
Stadtteil. Wer befindet sich mehr oder weniger direkt in Ihrer Um-
gebung? Welcher Kunde in der Nachbarschaft von einem weiteren?

Wo können Sie Zentren ausmachen, an denen es sich lohnt, auch einmal mehrere Tage zu verbringen, um möglichst viele Kundentermine der Reihe nach abzuarbeiten?

Neben der reinen Effizienz und Kostenersparnis einer solchen Planung werden Sie schnell erkennen, dass es zudem hilfreich ist, die lokalen Gegebenheiten zu kennen, um Ihre Kunden besser einzuschätzen und noch gezielter zu beraten. Machen Sie dazu die anschließende Übung: Tragen Sie – geclustert nach Region – Ihre Kunden auf der nächsten Seite ein und planen Sie anhand dessen Ihre persönliche Roadmap:

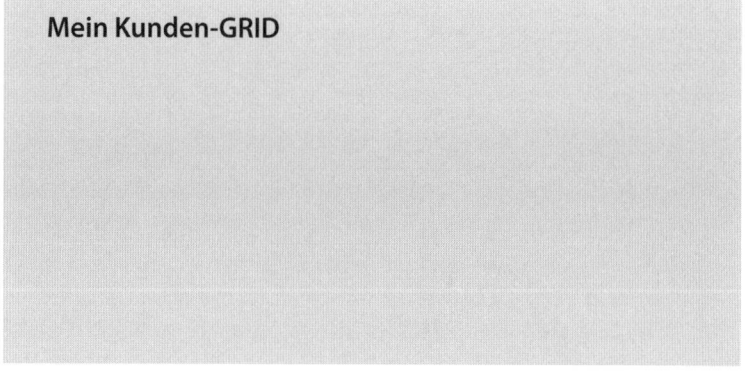

Mein Kunden-GRID

5.10 Echte WV (Wiedervorlagen)-Chancen

Wo hat sich dieses Biest nur wieder versteckt? Unter dem Schreibtischstuhl wahrscheinlich. Der Zeitfresser, der die Minuten und Stunden nur so in sich hineinstopft … zwei, drei Haps – und schon ist der halbe Tag wieder vorbei. Und Sie haben noch nicht mal die Termine von vergangener Woche nachbereitet! Na ja, gerade hat halt Herr Müller angerufen – er ist ja schon ein wichtiger Ansprechpartner, die Gespräche mit ihm dauern irgendwie immer … Und nach dem Teammeeting heute Morgen mussten Sie auch noch … Es ist wie verhext, doch immer kommt etwas dazwischen und es ist schon wieder Nachmittag, bevor man überhaupt zur wesentlichen Arbeit kommt …

Kommt Ihnen das bekannt vor? Hier hilft nur eine klare Entscheidung: Bringt das – voraussichtlich – längere Telefonat einen Vertriebserfolg oder nicht?

Wenn ja, okay. Wenn nein, dann begrenzen Sie es auf ein Minimum. Stellen Sie sich den Wecker oder nehmen Sie die Stoppuhr. Und kündigen Sie Ihrem Gesprächspartner klar und deutlich an, dass Sie nur wenig Zeit haben. Bitten Sie um eine E-Mail. Und Sie werden feststellen: Niemand nimmt es Ihnen übel, wenn Sie Ihre Zeit gut einteilen. So kommen Sie schneller zum Punkt und ersparen sich »Philosophenrunden«.

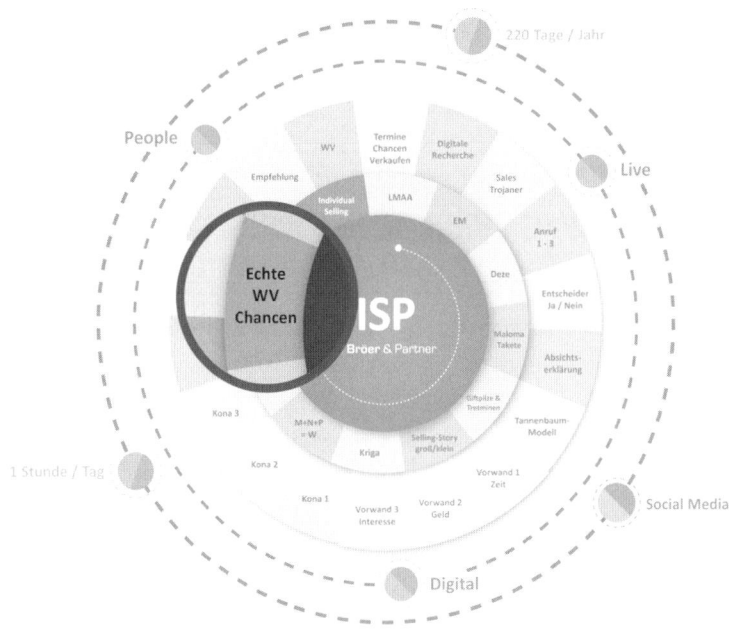

Dasselbe gilt nach innen wie nach außen. Und auch Ihre Wiedervorlagen sollten Sie gezielt nach »echt« und »unecht« einteilen. Nur was Sie Ihrem Verkaufserfolg de facto näher bringt, darf noch mal auf den Tisch. Der Rest wird delegiert oder gehört in den Papierkorb.

Echte WV sind verbindlich und nicht nur ein digitaler Punkt in Outlook. Es sind ihre potenziellen Kunden. Per Klick sind Sie auch bei diesen drin, mit der Löschtaste sind Sie wieder draußen. Es sei denn – Sie erinnern sich an EM! Der Termin ist wichtig: Sie haben nämlich gewippt. Also Sie tun etwas für das Treffen. Ihr Gesprächspartner muss auch Hausaufgaben machen, er muss sich ebenfalls vorbereiten. Und denken Sie nach. Es gibt immer etwas, das er machen muss, damit das Gespräch sinnvoll ist und nicht ergebnisoffen läuft. Denn Sie bringen Lösungen und drehen nicht unendlich viele Philosophenrunden. Überlassen Sie das den Businessverhinderern, Angebotserklärern, Warenbewachern oder Unternehmensbewohnern. Sie haben das Recht, hart zu sein. Tough ranzugehen. Denn auch in Ihrer Stadt braucht man Geld, um Brot zu kaufen, oder?

5.11 WYSIWYG (What you see is what you get)

Achten Sie auch darauf, dass Sie halten können, was Sie nach außen hin vermitteln. Unternehmer und Verkäufer stehen sich auf der Sales-Bühne gegenüber. Jeder steht für etwas. Wofür wollen Sie denn eigentlich stehen? Wer sind Sie? Und welches Produkt vertreten Sie? Und zwar aus tiefster Überzeugung.

Um glaubwürdig zu bleiben, ist es wichtig, ein einheitliches, authentisches und klar kalkulierbares Bild abzugeben. What you see is what you get! Das beginnt bei Ihrem Auftreten, Ihrer Ausstrahlung und bei dem, was Sie sagen. Die Devise muss lauten: Ich sage, was ich meine. Und ich meine, was ich sage.

Zu all der persönlichen Authentizität muss auch Ihr Äußeres passen: Anzug, Haare, Frisur, Zähne, Schuhe – sorgen Sie dafür, dass das Gesamtbild passt. Das bedeutet nicht, dass Sie aussehen müssen, als seien Sie vom Laufsteg gefallen. Nein, keineswegs. Es geht um einen gepflegten Look, der zu Ihnen und Ihrem Job sowie zu Ihrem Produkt passt.

Und noch ein wichtiges Detail: Ihr Handwerkszeug. Nehmen Sie den besten Kugelschreiber, den Sie finden beziehungsweise sich leisten können. Er ist Ihre Verkäuferpistole UND Ihr Aushängeschild. Dazu gehört auch das erweiterte Set: Mappe und Block. Auch hier isst das Auge mit!

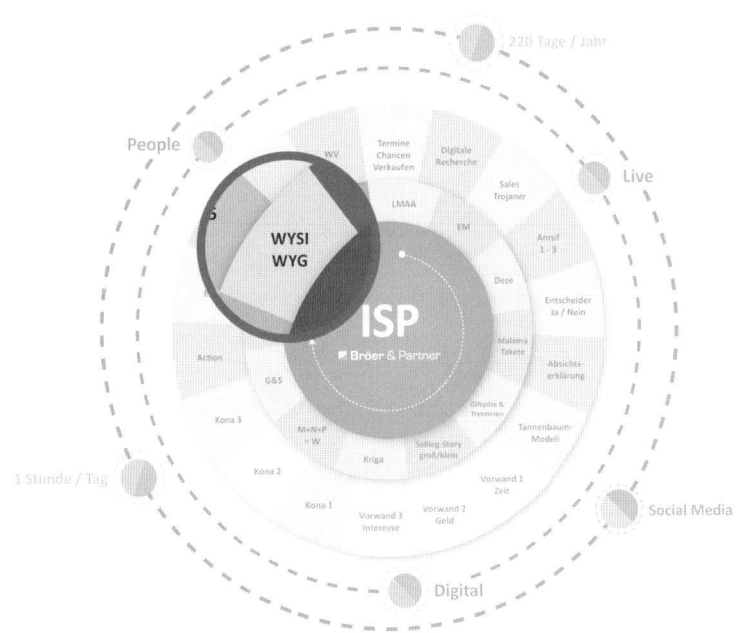

5.12 Individual Selling

Hier geht es um die Meisterklasse, um Elite Sales. Top-Verkäufer die sehr lange trainiert haben und trainieren sind extrem »individuell« in ihrem Handeln. Wie Wasser weich und doch kraftvoll ist, passen sie sich an die Gegebenheiten an, sind kreativ, bahnen sich ihren Weg und brechen Widerstände – bis zum Erfolg.

Individual Selling bedeutet auch, sehr persönlich und einzigartig auf den Kunden eingehen zu können.

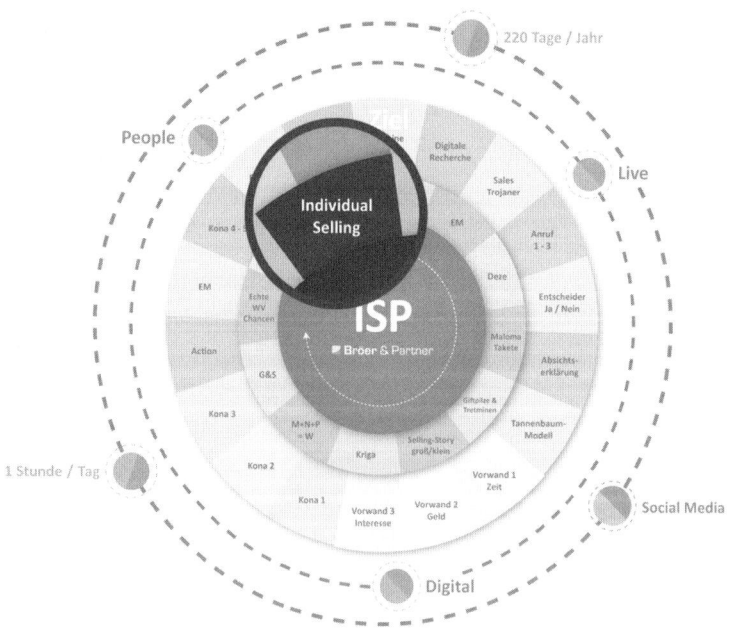

Würden wir NUR nach Regeln und bekannten Strategien arbeiten, leben und verkaufen, so könnte der Kunde Gegenmaßnahmen entwickeln. Das kann jedoch keinesfalls im Interesse des Verkäufers liegen. Schlimmer noch: Eskaliert die Lage und es kommt zu Streit, dann sind wir genau da, wo wir im Verkaufsprozess in keinem Fall landen wollen: an einem Kriegsschauplatz. Das gilt es also zu vermeiden. Agieren Sie klug, hören Sie genau hin und entwickeln Sie ein gutes Gespür für die individuellen Bedürfnisse Ihres Gegenübers. Jeder Kunden will einzig sein, einzig und einzigartig. Genauso will er auch gesehen und verstanden werden. Für den Verkäuferalltag heißt daher die Wahrheit: Out-of-the-BOX-Lösungen gibt es für PCs, aber bitte nicht mit Menschen. Manchmal ist die Lösung auch, keine Lösung parat zu haben, sondern flexibel mit dem Kunden eine spezielle Roadmap zu entwickeln. Dazu ist es aber wichtig, die Regeln zu kennen und dann zu üben. Wie eine Schleife binden – früher eine Qual, heute geht es intuitiv. Egal für welches paar Schuhe. Diesen Effekt nennt man auch den Speed Accuracy Trade off-Effekt oder zu Deutsch: Geschwindigkeits-Genauigkeits-Ausgleich. In der Praxis heißt das: Lass das Denken, wenn du geübt bist! Diese Prozesse laufen am reibungslosesten außerhalb des Bewusstseins ab, denn Bauchgefühle beruhen auf überraschend wenigen Informationen. Daher erscheinen sie dem Über-Ich so wenig vertrauenswürdig, welches das Credo, demzufolge mehr immer besser sei, verinnerlicht hat. Doch Experimente haben erstaunlicherweise gezeigt, dass weniger Zeit und Informationen zu besseren Entscheidungen führen können.

5.13 Ziel: Termine vereinbaren, Chancen aufbauen, direkt verkaufen, nie wieder Kaltakquise

Mit *Ziel* wechseln wir in den zweiten Kreislauf. Hier und im Folgenden geht es um die 14 Spielregeln, die Ihren Weg zum Verkaufserfolg absichern helfen. Es werden typische Situationen aus dem ganzen

Verkaufsprozess herausgegriffen, die für Ihren Erfolg kritisch sind. Wenn Sie gelernt haben, diese zu meistern, sind Sie für diese besonderen Stolperfallen gerüstet und können sich immer mehr auf Ihr Bauchgefühl verlassen. Diese Regeln sind miteinander verzahnt, eine halbherzige Anwendung oder das Ignorieren einzelner Module kann zum Misserfolg führen.

Was ist das Wesentliche an Zielen?

Damit Sie Ihre Hindernisse erkennen können, müssen Sie zuerst wissen, wo Sie hinwollen. Das heißt, das Ziel kommt zuerst. Was ist Ihr Ziel? Natürlich kann die richtige Antwort nur lauten: »Akquiseerfolg«. Das haben Sie gesagt, bevor Sie es gelesen haben, oder? Wenn nicht, dann sagen Sie es jetzt. Tun Sie das laut. Schreiben Sie sich das Wort in großen Buchstaben auf ein Blatt Papier und hängen es dort hin, wo Sie es immer wieder gut sehen können:

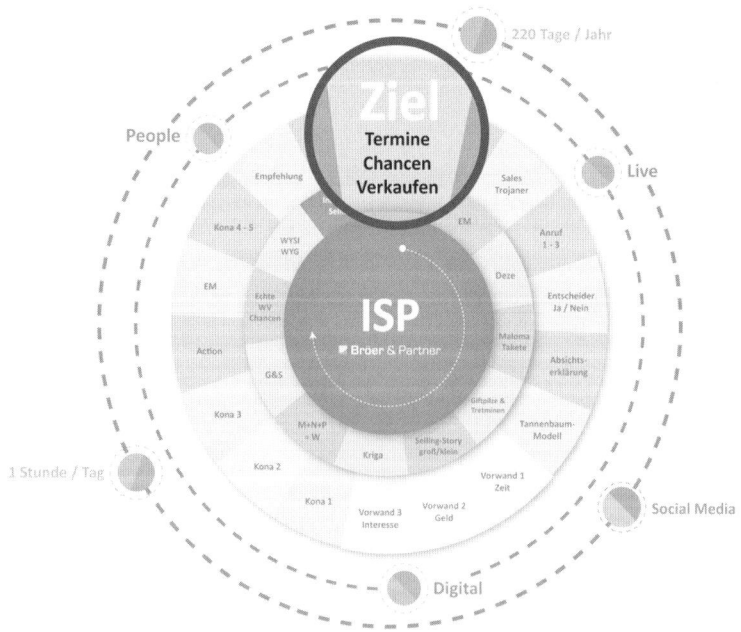

AKQUISEERFOLG

Ihr Sieg ist letztlich nur so viel wert wie das Ziel, das erreicht wurde. Beide hängen also eng zusammen. Kurz gesagt: »Die Beute entscheidet, nicht die Jagd.« Also los!

5.14 Digitale Recherche

Intelligent loslegen – das ist das Motto bei erfolgreicher Akquise. Hierfür müssen Sie zuerst einige wichtige Informationen beschaffen, damit Ihr Akquiseplan nicht versehentlich ins Leere läuft.

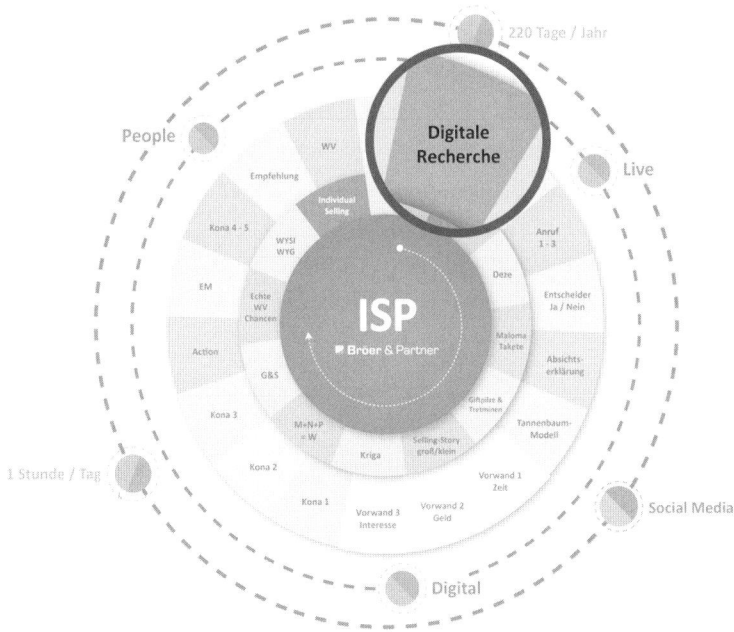

Klären Sie daher vorab Fragen wie: Wer ist der Entscheider im Unternehmen für Ihr Produkt oder Ihre Dienstleistung? An wem müssen Sie gegebenenfalls vorbei? Warum und was werden Sie sagen?

Machen Sie Ihre Hausaufgaben und informieren Sie sich über das Unternehmen, das Sie als Neukunden gewinnen wollen. Zeigen Sie verdammt noch mal Respekt und »überfliegen« Sie nicht nur die Homepage des Unternehmens. Geben Sie sich Mühe, wenn Sie an das Geld des Kunden wollen.

> **Nur wer hart am Ball bleibt, wird belohnt.**

Jeder, der Erfolg hat, versteht es, das, was er anbietet, zu verkaufen. Aber dafür müssen Sie an die richtigen Leute rankommen, an die Entscheider. Hier heißt es graben, forschen und fragen. Seien Sie sich nicht zu schade, den Hörer in die Hand zu nehmen und nachzufragen, wer für diesen Bereich zuständig ist, wann und wo er zu erreichen ist. Wenn Sie sich inhaltlich vorbereitet und den inneren Kreislauf schon absolviert haben, werden Sie überrascht sein, wie leicht Ihnen auf Ihre freundlichen Fragen am anderen Ende der Leitung ebenso freundlich und hilfsbereit Auskunft gegeben wird. Und vergessen Sie nicht: Enthusiasmus und Organisationsgabe sind die Grundvoraussetzungen für Ihren Verkaufserfolg.

5.14 Sales Trojaner

Vor über 3000 Jahren beschlossen einige griechische Fürsten, einen Krieg gegen die Stadt Troja zu führen. Denn ein Prinz aus Troja hatte einem griechischen Fürsten die Frau ausgespannt und das sollte bestraft werden. Die Stadt Troja lag in der heutigen Türkei.

Obwohl die Griechen ein gewaltiges Heer vor Troja sammelten, konnten sie die Stadt viele Jahre lang nicht einnehmen. Woran lag das? Zum einen war Troja durch hohe Burgmauern geschützt, zum anderen verteidigten sich die Einwohner tapfer.

Nachdem die Griechen zehn Jahre erfolglos Krieg geführt hatten, hatte einer von ihnen, Odysseus, der König der griechischen Insel Ithaka, eine Idee: Er ließ ein großes hölzernes Pferd bauen. Als es fertig war, verehrten die Griechen es mit Gesang, Opfern und Festspielen wie ein Götterbild. Dann stiegen sie in ihre Schiffe und fuhren fort.

Die Trojaner glaubten, ihre Feinde hätten den Kampf aufgegeben, und feierten freudig das Ende des Krieges. Das hölzerne Pferd brachten sie am Abend in ihre Stadt. Warum sie es in die Stadt brachten und nicht einfach mit Äxten in Stücke hackten? Da die Griechen das hölzerne Pferd wie ein Götterbild verehrt hatten, hatten die Trojaner Angst, die Zerstörung des Pferdes könne den Zorn eines ihnen unbekannten Gottes erregen. Außerdem wollten sie das Pferd als Denkmal in der Stadt aufstellen, damit ihre Kinder und Enkel sowie alle Fremden stets daran erinnert würden, wie tapfer sie zehn Jahre lang für Troja gekämpft hatten.

Im Inneren des Pferdes hatten sich jedoch einige Griechen versteckt. Die kletterten nachts aus ihrem Versteck und öffneten den in der Dunkelheit zurückgekehrten griechischen Kriegern die Stadttore. So konnten die Griechen die meisten Trojaner kampflos im Schlaf erschlagen und die Stadt erobern.

Seien auch Sie im Verkauf schlau wie die Griechen! Bauen Sie gezielt Wissen auf über die internen Belange Ihres Kunden, was ihn bewegt, was er braucht. Dies können Sie im Verkaufsprozess gewinnbringend einsetzen, indem Sie mit vertieftem Verständnis und treffsicheren Angeboten punkten. Ihr Ziel: einen Termin zu bekommen. Und das gelingt Ihnen – wie den schlauen Griechen –, indem Sie Neugierde bei Ihrem Kunden wecken. Und zwar eine, die nicht so leicht zerstört wird. Mit einem Sales Trojaner kommen Sie am Telefon innerhalb von nur wenigen Sekunden direkt in das Herz Ihres Kunden. Das ist der Schlüssel zu Ihrem Termin!

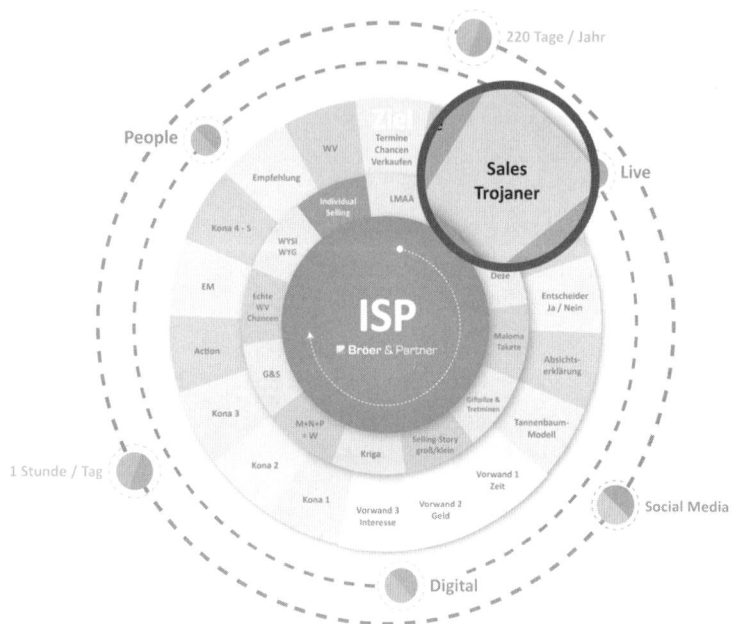

5.15 Anruf 1-3

Bereits beim ersten Anruf, beim ersten Pitch, wollen Sie ein klares Ergebnis erzielen, nämlich zum »Entscheider durchzukommen«.

Den Namen haben Sie bereits in Ihrer Recherche herausgefunden. Vielleicht waren noch weitere interessante Details dabei. Ob er die Woche auf einer Messe unterwegs und daher generell schlecht zu erreichen ist oder ob er gerade im Urlaub ist. Das sind allesamt mögliche Gesprächseröffner und damit wertvoll.

Dass Sie beim ersten Anruf nicht durchgestellt werden, ist sogar wahrscheinlich. Das lehrt die Erfahrung. Genauso wichtig ist es aber, positiv dranzubleiben. So machen Sie Ihr Glück. Und wer das Beste erwartet, bekommt es auch. Strengen Sie sich an! Ein Beispiel: Stellen Sie sich vor, Sie sind Augenzeuge bei einem Banküberfall und werden in den Arm geschossen. Ihre Reaktion? Pechvögel regen sich auf und nennen das eine Katastrophe. Glückspilze erklären, sie seien heilfroh, denn es sei nichts Schlimmeres passiert. Stellen Sie sich nun vor:

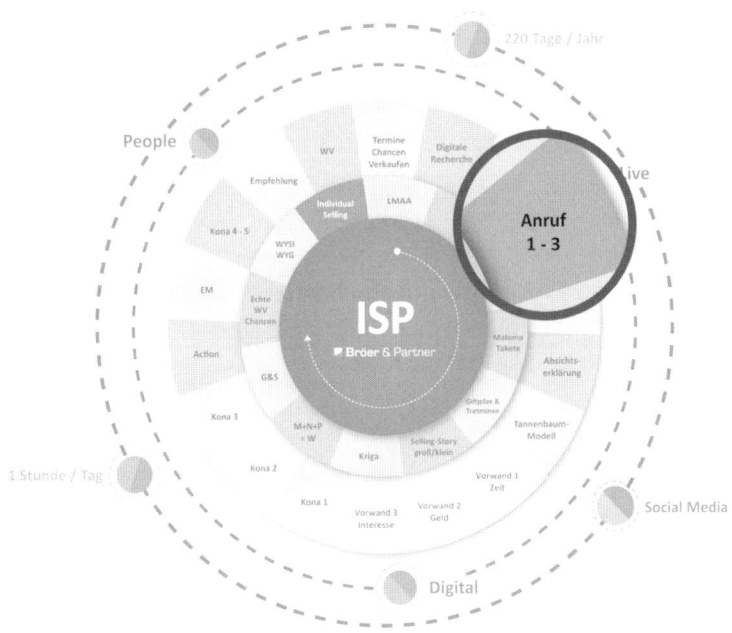

Sie benötigen durchschnittlich nur drei Anrufe, um mit einem Entscheider zu sprechen.

Ist das ein Grund, zu jammern wegen des Aufwands, des eigenen Widerstands gegen wiederholtes Anrufen und gar wegen Stolz? Vergessen Sie es. Kurz gesagt: »Pessimisten küsst man nicht.« Und wer zu früh aufgibt, der beleidigt seinen Kunden.

Es ist in Wirklichkeit eine großartige Vorstellung, mit nur drei Anrufen beim Entscheider zu landen, nicht wahr?

5.16 Entscheider Ja/Nein

Sie wurden nicht direkt zum Entscheider durchgestellt? Die Assistentin, Vorstandsdame oder Zeitarbeitskraft war besser drauf als Sie? Sie haben einen kleinen Streit angezettelt, weil Sie ein »ach, so dringendes Anliegen« haben, und niemand glaubt Ihnen? Sie meinen, die Welt wartet darauf, Sie als Verkäufer kennenlernen zu dürfen? Nein, das tut sie nicht. Und potenzielle Kunden müssen sich auch nicht mit Ihnen beschäftigen, wenn Sie langweilen, keine spannende Selling-Story im Gepäck haben oder Ihre Dienstleistung beziehungsweise Ihr Produkt einfach nicht gebraucht wird.

Das passiert vielen, denken Sie? Das ist auch richtig, aber es passiert nicht den Besten! Sie wissen, was am 24.12. in Deutschland passiert?! Richtig, es ist Heiligabend. Bricht diese besondere Nacht einfach so über uns herein? Oh nein, ganz im Gegenteil. Einige machen sich Wochen und Monate davor schon an die akribische Vorbereitung. Von den Geschenken angefangen über die Planung von Einladungen und Besuchen bis hin zur Essensvorbereitung und Musikauswahl. Das ist Einsatz, wie ihn manche belächeln oder als Stress abtun. Aber genau diesen Grad an Vorarbeit müssen Sie leisten, wenn Sie zu derjenigen Person durchdringen wollen, von deren Ja oder Nein Ihr Erfolg abhängt.

Sie wissen daher auch genau, was passiert, wenn Sie Ihren Entscheider sprechen möchten. Sie wissen, wer Ihnen auf dem Weg dorthin begegnen kann, und vor allem wissen Sie, was Sie all diesen Menschen sagen werden. Sie sind organisiert und diszipliniert. Sie haben Ihre Selling-Story parat und sind daher ruhig und routiniert. Das macht einen echten Verkaufsprofi aus. Nicht mehr und nicht weniger. Damit setzen Sie sich auch auf die richtige Spur, diejenige Spur, die hin zum Entscheider führt und den Weg zu einem Ja bereitet.

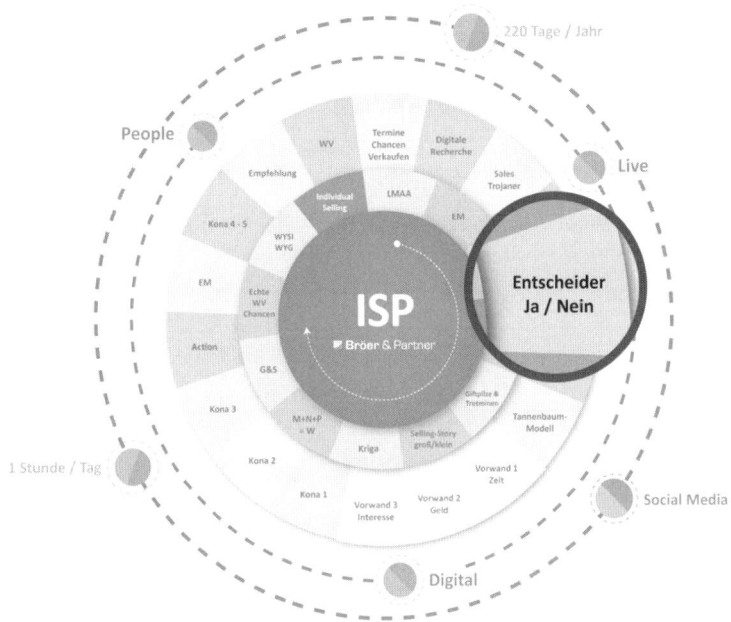

> Wer regelmäßig – freundlich und beharrlich – präsent ist, wird früher oder später mit Erfolg belohnt.

Und wenn Sie Ihre Akquise auch noch authentisch, locker, fröhlich und spannend gestalten, dann ist das großartig. Denn von langweiligen Akquiseversuchen haben die meisten Menschen und Entscheider nämlich die Nase voll. Wie erfrischend anders wirkt jemand, der nicht nur weiß, was er will, sondern das auch auf eine sympathische und offene Weise transportiert. Ein lockerer, freundlicher Spruch an der passenden Stelle, vielleicht über den Messebesuch des Entscheiders, von dem Sie erfahren haben, und Sie sind drin.

Was passiert aber, wenn Sie kein Ja bekommen, nicht beim ersten, nicht beim zweiten und auch nicht beim dritten Anruf? Sollten Sie nach dem vierten NEIN immer noch am Ball bleiben?

> Nur weil ein Kunde mal »Nein« gesagt hat, muss das noch lange nicht für alle Zeiten gelten.

Bringen Sie sich regelmäßig nett, freundlich und höflich mit einer neuen Idee oder Information in Erinnerung. Verbitterung, verletzter Stolz oder Eitelkeit haben im Vertrieb nichts zu suchen. Wenn Sie keinen Deal bekommen, dann gehen Sie wenigstens mal mit dem beinahe gewonnenen Neukunden einen Kaffee trinken. Und wer weiß, wenn Sie sich besser verstehen, vielleicht hat er mal einen Tipp für Sie. Oder Sie für ihn, wer weiß.

5.17 Absichtserklärung

Kennen Sie das auch? Folgendes Gespräch zwischen zwei Managern im Aufzug könnte sich so oder ähnlich abspielen: »Du, da hat mich wieder so ein langweiliger Verkäufer angerufen. Der Typ sprach 15 Minuten am Telefon ohne Pause …« »Und worüber hat er geredet?« »Ich habe keine Ahnung. Das wollte er einfach nicht sagen!«

Ist Ihr Produkt, Ihre Leistung, Ihr Dienst so schlecht, dass Sie nicht darüber reden wollen?

> Sie wollen nur beraten? Niemals verkaufen? Ach so, na dann suchen Sie sich einen neuen Job – als Berater.

Die Königsklasse im professionellen Vertrieb bedeutet: Was immer man tut – man hat mehr Erfolg, wenn man es mit Ehrlichkeit und Fairness tut und dabei sein Bestes gibt. Also nehmen Sie Ihren Kopf aus der Deckung und sagen Sie klar und deutlich, was Sie können und wollen. Und dann warten Sie ab, ob man Sie oder Ihre Dienstleistung mag. Bestenfalls tritt beides ein. Schlimmstenfalls bekommen Sie ein Nein. Aber was macht schon ein ehrliches Nein auf ein ehrliches Angebot hin? Dann hat es nicht gepasst. Das ist viel besser, als ein Nein zu bekommen auf eine gekünstelte Story, bei der Sie sich danach selbst fragen müssen, ob Sie zu schlecht gelogen haben oder vielleicht sogar mit der Wahrheit mehr Erfolg gehabt hätten. Je klarer Sie in Ihrer Absicht sind, desto klarer wird die Absicht des Gegenübers erkennbar und desto eher kann sich Ihr Gesprächspartner auf Sie einlassen.

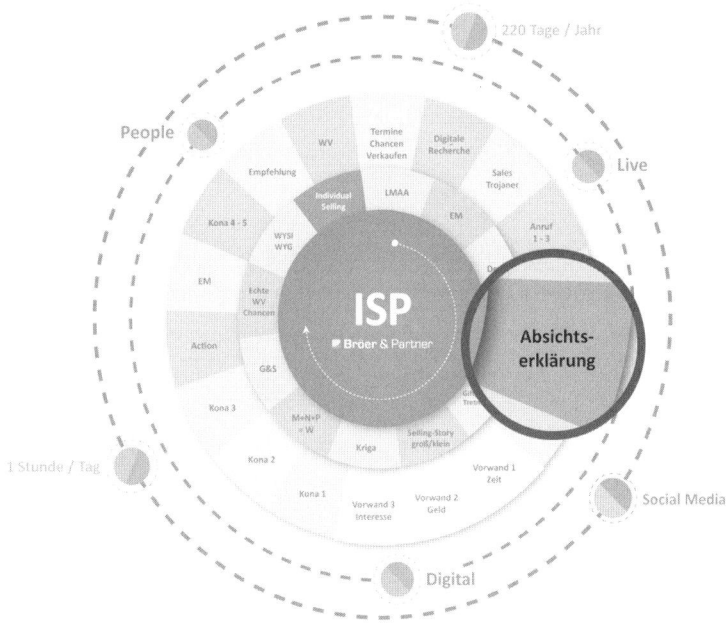

5.18 Tannenbaum-Modell

Im ISP-Modell heißt das Modul der authentischen und fairen Gesprächsführung das »Tannenbaum-Modell«.

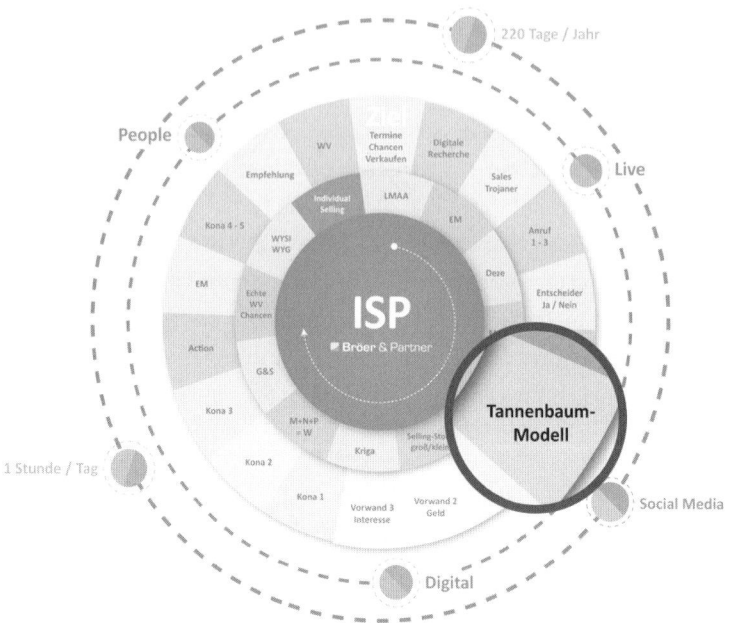

Jahrzehntelange Erfahrung hat gezeigt, dass eine im Kopf verdrahte-
te Gesprächsführung Sinn hat. Und damit sind eben keine wirkungs-
freien gruseligen Standard-Gesprächsleitfäden gemeint. Stellen Sie
sich beim Plaudergespräch einfach folgende Situation vor:

Sie fahren in den Wald oder zum Baumverkäufer Ihres Vertrauens.
Sie besorgen sich einen richtig tollen Weihnachtsbaum. Sie finden
einen geeigneten Platz zu Hause, spitzen den Stamm an und stellen
ihn in den Tannenbaumständer. Sie haben sicher schon bemerkt,
dass dieser Vorgang im Vertriebsjargon Akquiserecherche und Vorbereitung genannt wird. Nun geht es ans Schmücken. An den Zwei-
gen entlang wird hier ein Kügelchen, dort ein Engelchen und da
ein bisschen Lametta angebracht. Dann geht es wieder zum Stamm
und hinauf bis zur Spitze des Baumes. Vielleicht bringen Sie dort
einen großen Stern an. Sie merken es sicher erneut. Sie wollen rauf
zum Sternchen, zu Ihrem Termin oder sogar zum Stern – zum Auf-

trag. Nur leider dauert das etwas. Und ständig müssen Sie andere Dinge tun und werden abgelenkt. Bleiben Sie organisiert, strukturiert und vor allem diszipliniert. Auch wenn das nicht Ihre Tugenden sind. Lernen Sie es. Ein halb geschmückter Tannenbaum sieht einfach doof aus. Und ein halb gut geführtes Gespräch gibt es nicht.

Und vergessen Sie nicht: Selbst in der schlimmsten Form der Gesprächsführung sind solche Gespräche spannender als ein Messebesuch, unterhaltsamer als eine Sitcom und vor allem ganz bestimmt lebensnäher als manche Webseite oder Drucksache, die uns zugemutet wird. Also reden Sie.

5.19 Vorwand 1-3

Elvis brachte es auf den Punkt: »We can't go on together with suspicious minds.« Nur Vertrauen hilft wirklich weiter. In einer Atmosphäre von Misstrauen werden Sie immer und immer wieder die Klassiker der gelangweilten Kunden hören. Keiner hat Geld für Ihr Angebot übrig. Zeit ist gerade ebenfalls nicht vorhanden, weil der Entscheider im Meeting, auf Geschäftsreise oder gerade aus sonst irgendeinem Grund nicht erreichbar ist. Auch am Interesse an Ihrem Produkt oder Ihrer Dienstleistung wird es mangeln. Das wussten Sie aber auch, bevor Sie den Telefonhörer in die Hand genommen haben. Eine Frage: Wie viele Jahre wollen Sie sich diese faden Worthülsen anhören?

> **Frage:**
>
> Kennen Sie den Unterschied zwischen einem echten Einwand und einem vorgeschobenen Vorwand?

Ein echter Einwand wäre die Aussage: »Wir können uns Ihr Produkt leider nicht leisten, weil wir nächste Woche Konkurs anmelden müssen.« Das ist ein faktischer Grund. Die obigen Beispiele hingegen sind vorgeschobene Vorwände. Keine Zeit, kein Geld, kein Interesse. Das ist eine reine Abwehr wegen akuter Langeweile.

Wer zu Beginn seiner Akquise zu viel zerstört, zu viel falsch macht, der muss sich solche Vorwände anhören. Das ist nämlich kaum zu reparieren. Herzlich willkommen in der Welt von heute, in der Menschen gern kaufen, aber nichts verkauft bekommen wollen. Geben Sie sich endlich Mühe. Wer als Verkäufer bei den kleinsten Einwänden eines potenziellen Neukunden aufgibt, der hat den Kunden auch nicht verdient. Sehen Sie es mal so: Einwände sind Hilfeschreie von gelangweilten Menschen, die nur wissen möchten, ob Sie auch zur grauen Soße der Hans-Jürgen-Mittelmaß-Verkäufer gehören. Schaffen Sie Vertrauen. Das wird Sie zudem angenehm von Ihren Mitbewerbern abheben.

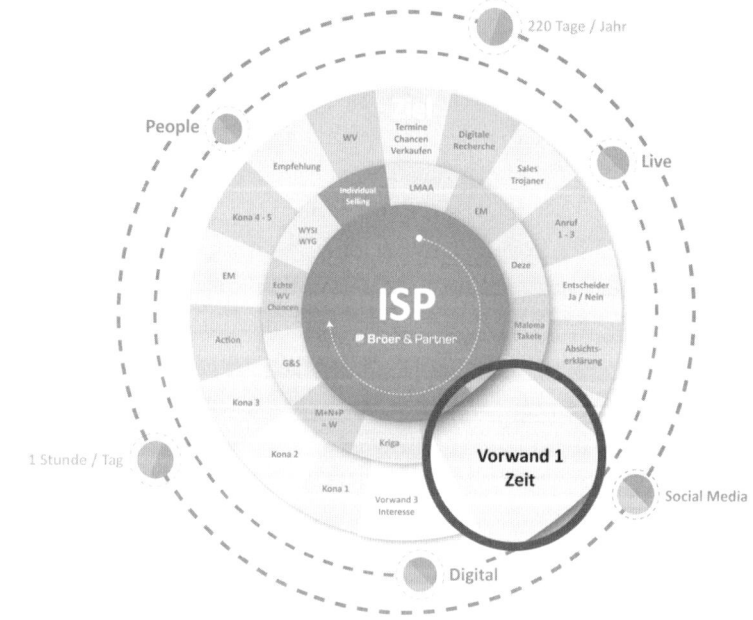

Lässt sich Vorwandsbehandlung trainieren? Selbstverständlich ist das möglich. Sie können schließlich auch Fußball, Reiten, Autofahren oder Klavierspielen trainieren. Sie werden sich wundern, was unser Gehirn alles so mit sich machen lässt. Entscheidend ist hier regelmäßiges Training. Am besten beginnen Sie gleich damit und machen folgende Übung:

Auf der folgenden Seite finden Sie ausreichend Platz, um die häufigsten Kundeneinwände, die Sie zu hören bekommen, aufzuschreiben. In der Regel sind es nie mehr als acht bis maximal zehn unterschiedliche. Sie werden immer dieselben Kundensprüche hören, was die Sache für Sie herrlich vorhersehbar macht. Konzentrieren Sie sich zu Beginn auf die wichtigsten sechs. Das reicht für den Alltag und überfordert nicht Ihren kreativen Anteil. Falls Ihnen später weitere Einwände begegnen, können Sie die Übung gern fortsetzen. Nun entwickeln Sie für jeden Einwand eine gute Antwortstrategie. Diese erkennen Sie ganz einfach daran, dass Ihre Kunden aufhören, Ihnen mitzuteilen dass sie kein Geld, keine Zeit und kein Interesse haben. An dieser Stelle noch ein kleiner Tipp:

> Richtig gute Vorwände gibt es gar nicht.

Vielleicht sind die Aussagen Ihrer Kunde auch gar keine Vorwände, sondern sogar Kaufsignale oder Hilferufe?! Denken Sie darüber einmal nach.

Einwandsbehandlung

Einwand 1: ....

Antwort: ....

Einwand 2: ....

Antwort: ....

Einwand 3: ....

Antwort: ....

Einwand 4: ....

Antwort: ....

Einwand 5: ....

Antwort: ....

Einwand 6: ....

Antwort: ....

5.20 Kona 1-5

»Facts tell – stories sell.« Märkte sind Gespräche und gute Verkäufer können noch bessere Geschichten erzählen. *Kona* ist die Abkürzung für eine »Kundenorientierte Nutzenargumentation«.

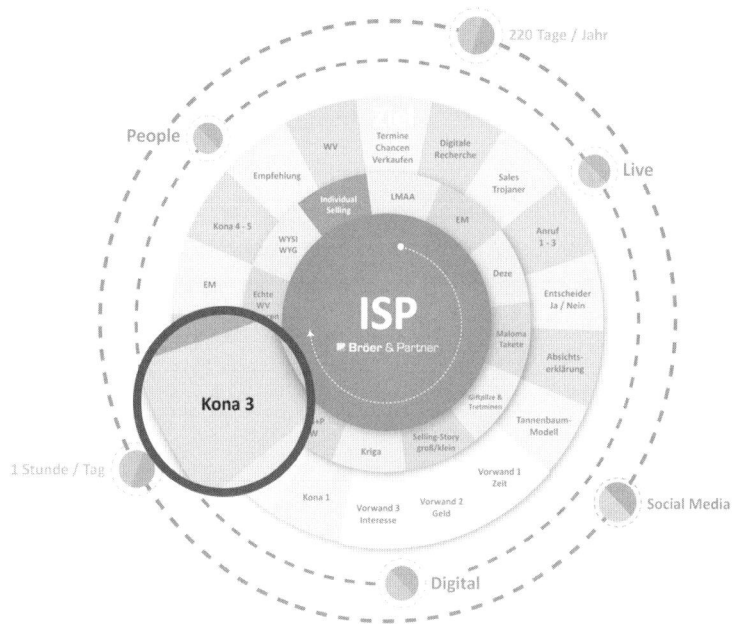

»Feature Fucking« nennen Amerikaner das Herunterbeten von Merkmalen ohne einen Nutzen, ohne Zusammenhang und damit ohne eine Geschichte im Hintergrund, welche die verschiedenen Einzelnutzen in einen sinnvollen Zusammenhang bringt. Dabei ist die Sprache bei der Kommunikation der Merkmale häufig so arrogant, unverbindlich und distanziert, dass der Verkäufer völlig erschrocken ist, wenn er seinem Kunden die Top-50-Produktmerkmale – per PowerPoint – auf den Schreibtisch eingraviert und der Kunde mit letzter Kraft stöhnt: »Bitte, bitte aufhören!«

Das ist alles Unsinn. Solche Rollkommandos haben nie funktioniert und werden niemals funktionieren. Wie gesagt: Geschäfte werden mit Menschen gemacht. Von Menschen gemacht. Und wir ticken nun mal anders.

> Nackten Merkmalen fehlt natürlich die Geschichte, die Emotion zum Merkmal, das Argument zum Nutzen.

Sie wissen ja nun, was ein emotionaler Marker ist, wie wichtig eine Verkaufsgeschichte ist, und Sie wissen, dass auch Begriffe wie Gewinn, Vertrauen und Seriosität eine emotionale Darstellung brauchen. Es ist daher sinnvoll, mehrere Sinne anzusprechen – vor allem mit einer authentischen emotionalen Geschichte.

5.21 Action

Action führt zu Erfolg. Und der Wunsch, Erfolg zu haben, ist beinahe so groß wie das Bedürfnis zu atmen.

Was aber ist Erfolg genau? Was macht ihn aus? Allem voran ist Erfolg nichts Unnatürliches. Erfolg ist weitaus machbarer und natürlicher, als die meisten Menschen denken.

> Erfolg ist der Mut, große Träume und Potenziale, die wir alle bereits in uns tragen, zu verwirklichen.

Geben Sie Ihren Träumen wieder mehr Raum. Machen Sie sich mit Erfolg vertraut. Kennen Sie zum Beispiel jemanden, der aus Ihrer Sicht sehr erfolgreich ist? Schauen Sie ihm genau zu, hören Sie genau hin! Was sagt er? Wie spricht er mit Menschen? Wie bewegt er sich im Raum? Verlassen Sie nun die Routine eines ängstlichen Beraters, seien Sie mutig und sprechen Sie im Verkaufsgespräch die nächsten Schritte an. Das kostet am Anfang Überwindung, lohnt sich aber, wenn Sie dranbleiben. Also:

> Graben Sie den Wunsch nach Erfolg wieder aus und vergessen Sie so schnell wie möglich Ihre heruntergeschraubten Erwartungen.

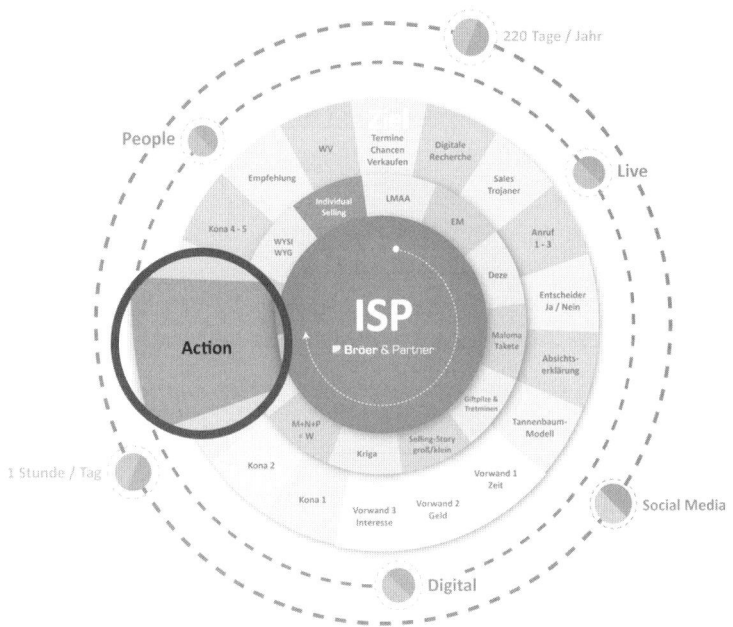

Geben Sie sich nicht mit weniger als Erfolg und Klarheit zufrieden. Entwickeln Sie die Lust nach mehr. Sagen Sie »Action!« in Ihrem Leben und in Ihren Verkaufsgesprächen.

5.22 EM = Emotionaler Marker II

Bleiben Sie bei Ihren Kunden auf dem Radarschirm. Ganz oben! (Kunden-)Treue ist für Unternehmen etwa dasselbe wie eine junge Liebe. Doch die Trennung droht, und zwar bald! Der Grund? Da die Kunden, Märkte und Menschen vernetzt sind, finden sich neue Liebschaften an allen Fronten im Handumdrehen. Erinnern Sie sich noch an Ihre zweite oder dritte Beziehung? Was haben Sie vor zehn Tagen gemacht? Haben Sie schon mal einen echten Verkäufer erlebt?

Das Mittel der Wahl, damit Sie als Profi nicht in Vergessenheit geraten, damit Sie in ein paar Wochen wieder bei Ihrem potenziellen Neukunden anrufen können und damit er sich auch an Sie erinnert, das Mittel zum Zweck heißt – Emotion.

Gefühle aller Art eignen sich hervorragend, um Informationen mit einem Marker auf Ihrer »Festplatte« in Ihrem Gehirn zu speichern. Sie erinnern sich nicht an das, was Sie vor zehn Tagen gemacht haben, aber Sie werden niemals die Bilder vom 9/11 vergessen. Oder die Geburt Ihres Kindes. Ihre Hochzeit ebensowenig oder einen bestimmten Trauertag in Ihrem Leben. Plötzlich sind die Bilder in Ihrem Kopf und die Gefühle in Herz und Bauch. Da wir alle so funktionieren, macht es Sinn, in einem Gespräch einen authentischen emotionalen Marker – der zu Ihnen passt – zu setzen.

Ein Verkäufer sagte mir mal am Telefon als er mich »kalt« angerufen hat: »Hallo Herr Bröer, mein Name ist XY. Ich bin nicht der erfolgreichste Verkäufer – dafür der lustigste.« DAS hat mich zum Lachen gebracht, und wann immer dieser Typ bei mir anruft und ich eventuell seinen Namen vergessen haben sollte, so versetzt mich sein EM wieder in die tolle Stimmung, die ich damals hatte. Und auch wenn ich immer noch nicht bei ihm gekauft habe, weil ich seine Produkte einfach nicht gebrauchen kann, so ist er doch ein gern gesehener, toller Verkäufer. Ich behalte ihn bis heute in guter (emotionaler) Erinnerung. Ihm ist damit ein idealer emotionaler Anker gelungen, denn er hat etwas gesagt beziehungsweise bei mir hinterlassen, woran ich mich gern und sicher erinnere. Finden Sie solche Anker, die das auch bei Ihrem (zukünftigen) Kunden auslösen.

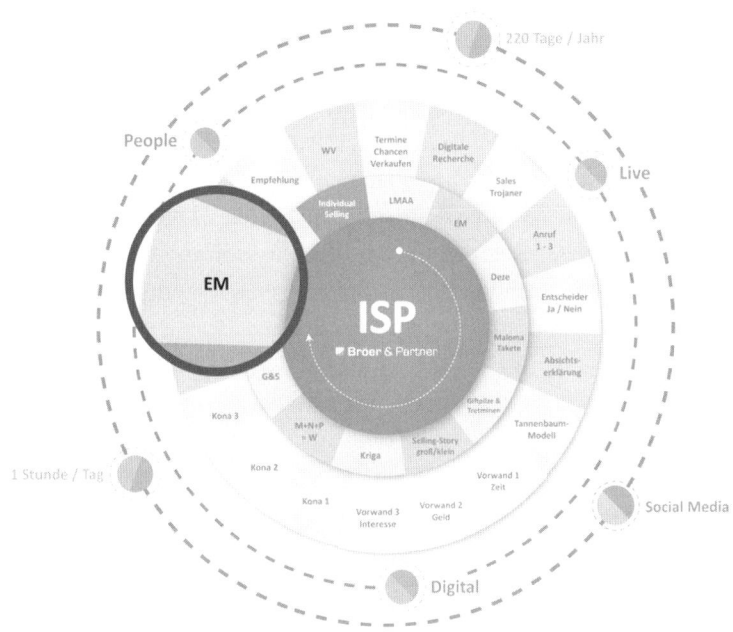

Meine fünf besten EM-Anker:

1.
2.
3.
4.
5.

5.23 Empfehlung (Empfehlungsmarketing)

Hat man einen guten Job als Verkäufer gemacht und ist der Kunde zufrieden, fragt sich jeder Verkäufer irgendwann: Wann darf ich eigentlich meinen Ansprechpartner nach einer Empfehlung fragen? Oder neudeutsch: Empfehlungsmarketing aktiv betreiben? Nach einer Adresse, (s)einem guten Geschäftspartner, den er mit mir oder für mich anruft und mir einen Termin besorgt? Und warum?

Viele Verkäufer sind der Meinung, der richtige Zeitpunkt nach einer Empfehlung zu fragen, sei nach einem erfolgreichen Abschluss. Das stimmt. Der Neukunde vertraut uns zu dem Zeitpunkt, wir waren gut und in dieser tollen Stimmung fällt es relativ leicht, dranzubleiben, weiterzumachen und direkt zu fragen: »Lieber Neukunde, wen darf ich denn noch mit meinen tollen Lösungen beglücken?« Obwohl diese Aktion leicht und logisch ist, wird sie oft vergessen. Schlimmer noch, das ist nur die halbe Wahrheit. Viel häufiger passiert Folgendes:

Sie haben einen neuen Kunden gesucht, gefunden, Ihre Hausaufgaben gemacht. Alle notwendigen Module der Neukundengewinnung haben Sie sorgfältig beachtet und eingesetzt. Nun sagt der potenzielle Kunde trotzdem Nein. Ihre Zeit, Ihr Einsatz, Ihre Müh – alles verloren. Doch das stimmt nicht. Im Gegenteil! Sie haben eine einwandfreie Leistung gezeigt und ein faires Angebot abgegeben. Nur kann der Kunde eben gerade nicht Ja sagen. Das kann interne Gründe haben, wirtschaftliche oder persönliche. Die Absage muss also keineswegs an Ihnen oder Ihrem Angebot liegen. Wenn Sie nun auch überzeugt sind, selbst alles richtig gemacht zu haben, dann fragen Sie jetzt erst recht nach einer Empfehlung. Ihr Gesprächspartner wird Ihren Einsatz und Mühe gern belohnen wollen. Versprochen! Somit ist die klare Antwort auf die Frage, wann Sie einer Empfehlung fragen dürfen: Immer!

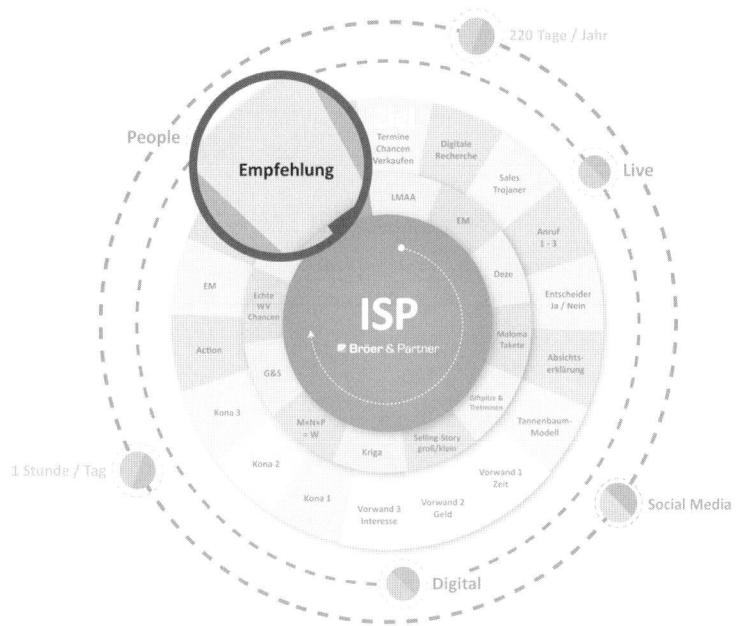

5.24 WV = Wiedervorlage

Erfolgreich zu werden verlangt Disziplin und (Eigen-)Motivation, während erfolgreich zu bleiben große Weisheit erfordert. Diese Erkenntnis ist fast so wichtig wie die Erkenntnis des Unterschiedes zwischen der Kraft, die man braucht, um einen Kunden zu holen, und der Erfahrung, die man benötigt, um einen Kunden zu halten. Mal abgesehen davon, dass es im wahren Leben kaum Kundenbindung gibt, ist es umso wichtiger, eine saubere, qualifizierte und systematische Wiedervorlage zu haben.

Was früher der gute alte Karteikasten war, nennt man heute so schön Customer-Relationship-Management-System, kurz CRM-System. Das sind große, sehr große Software-Applikationen von noch größeren Software-Unternehmen. Funktionieren toll, zumindest so lange, bis der Verkäufer zu faul wird, das System zu füttern. Schade, denn dieses zweite Verkäufer-Gedächtnis, dieser persönliche Assistent, kann all das, was der Verkäufer eben nicht so gut kann. Das Ding merkt sich einfach alles und kann alles wieder auswerfen. Sicher, großartige Verkäufer haben alle Zahlen, Daten, Fakten ihrer Top-20-Kunden im Kopf. Berufliches und Privat-Persönliches – aber was ist, wenn Sie plötzlich 100 Kunden haben? Oder einen Kunden-stamm mit 1000 Kunden übernehmen? Entweder Sie finden Jumbo-Karteikästen im Kofferraum toll oder Sie möchten einfach nicht er-folgreich werden.

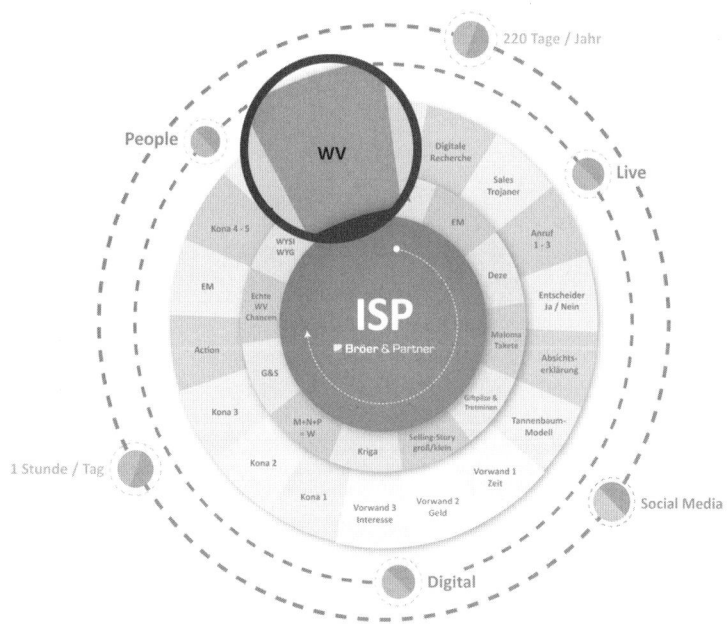

> Ein systematisches CRM-System mit allen Funktionalitäten ist für den Verkäufer ebenso lebensnotwendig wie die Luft zum Atmen.

Nun haben Sie alle Handwerkszeuge und Erfolgsmodelle an der Hand, die Ihnen den Weg zum Spitzenverkäufer ebnen. Das Erlernte (innerer Kreis) und die operative Umsetzung (äußerer Kreis) werden mit dem Trichter-Modell gemessen. Daraus ergibt sich die persönliche Hit-Rate, also Erfolgsquote:

Statistisch gesehen durchläuft ein Verkäufer den Akquiseprozess ca. 150 Mal für einen (wiederholbaren) Erfolg, das heißt Termin beim Kunden. Die folgenden Grafiken verdeutlicht dies.

150 Kontakte BRUTTO müssen also durch Fleiß, Mut und die konsequente Anwendung des ISP-Systems intiiert werden. Im Anschluss verringert sich die Brutto-Zahl um die eben kalkulierbaren und bekannten Verluste. Daraus ergeben sich 75 Gespräche mit Assistentinnen beziehungsweise Sekretärinnen etc. Nach Abzug der Streuverluste verzeichnen Sie danach 30 Gespräche mit einem Entscheider. Aus diesen folgen 15 Termine vor Ort, sieben Angebote und mindestens der EINE wiederholbare Erfolg. ISP und Trichter belegen gemeinsam: Wenn du ungeübt bist, halte dich streng an diese Quote. Wenn du 150:1 nicht akzeptieren willst, dann LERNE, LERNE, LERNE und werde besser. Oder triff eine Entscheidung, geh Golf spielen oder such' dir einen anderen Job. Wer jedoch alle erlernten Abläufe exakt ausführt und die gesamte Bandbreite an Handwerkszeugen einsetzt, kann bald Erfolge planbar machen.

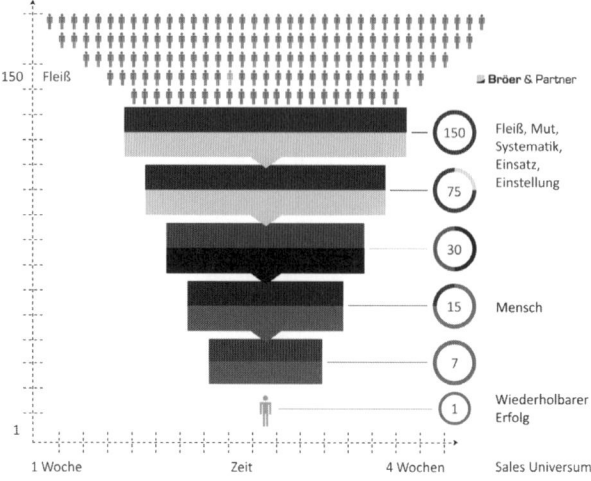

Die Modelle müssen dann nur noch per Verkäufer-Stundenplan täglich umgesetzt werden:

Verkäuferstundenplan

≡ Bröer & Partner	Montag	Dienstag	Mittwoch	Donnerstag	Freitag
08:00 bis 09:00	Akquise	Akquise	Akquise	Akquise	Akquise
09:00 bis 10:00	Akquise	Akquise	Akquise	Akquise	Akquise
10:00 bis 11:00					
11:00 bis 12:00					
12:00 bis 13:00					
13:00 bis 14:00	Termine	Termine	Termine	Termine	Termine
14:00 bis 15:00	Termine	Termine	Termine	Termine	Termine
15:00 bis 16:00	Termine	Termine	Termine	Termine	Termine
16:00 bis 17:00					
17:00 bis 18:00					

Soll: 50 : 3 : 1
Ziel: 250 : 15 : 5

Ist: Ist: Ist: Ist: Ist:

Alle drei Modelle – also ISP + Trichter + Stundenplan – ergeben:
meine persönliche Erfolgsplanung.

Damit haben Sie nun alle Bausteine, das ganze SET zusammen:

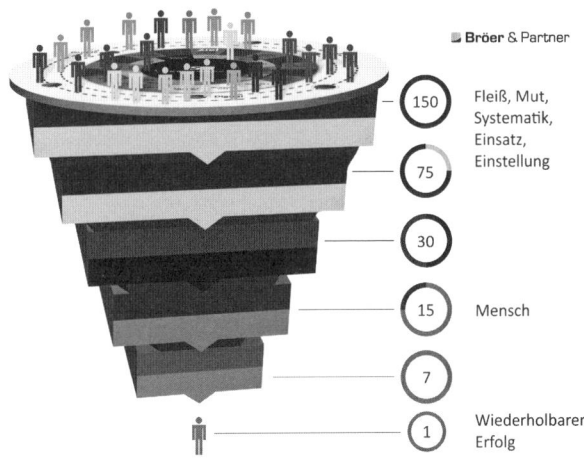

1. Wir bringen mit: das Spiel, bestehend aus ISP, Trichter, Stun-
    denplan. Es ist gleichzeitig Anleitung und System.

2. Sie als Verkäufer tun dazu: Mut, Biss, Fleiß und Leidenschaft –
    macht: die richtige Einstellung und den Willen zum Erfolg.

3. Weitere Zutaten für die operative Umsetzung: Ihre Verkäufer-
    pistole (Kugelschreiber!), ein Block, eine Tasse Kaffee, ein Spie-
    gel (damit Sie LMAA überwachen können!) und Ihre Auto-
    schlüssel – denn das ist das Ziel: ein Termin!

5.25 Zeit: 1 Stunde pro Tag und 220 Tage im Jahr

Nun sind Sie im äußersten Kreislauf angekommen. Hier geht es darum, Schwung in das Wissen zu bringen, das Sie sich durch die Verkaufswerkzeuge und Erfolgsmethoden in den bisherigen zwei Kreisläufen angeeignet haben.

Dauerhafter Erfolg basiert auf Disziplin und der Einsicht, dass man sich selbst Aufgaben stellt, diese dann auch erfüllt und nicht auf den Anruf eines Vorgesetzten wartet. Zugegeben, das klingt so wenig spannend, wie Farbe beim Trocknen zuzusehen. Sie dürfen aber die langfristigen Resultate einer disziplinierten Vorgehensweise nicht vernachlässigen. Diese sind erstaunlich. Wie sieht das ganz konkret aus?

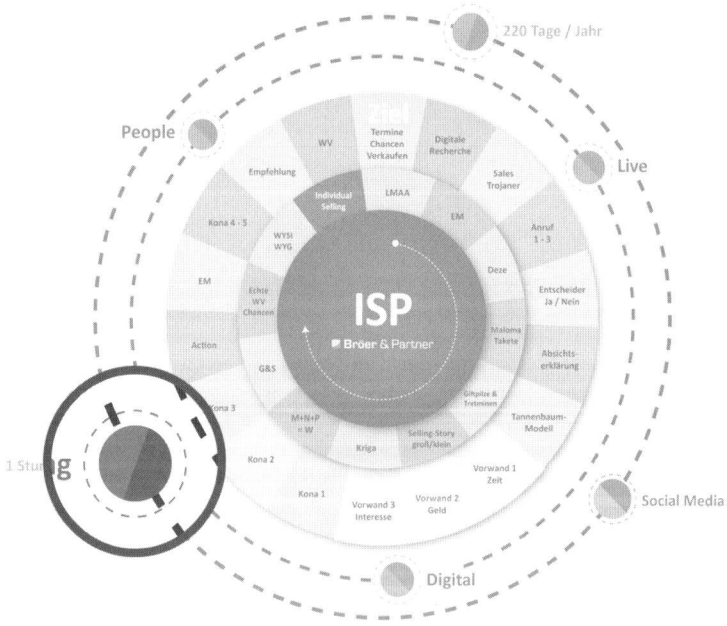

Akquiseformel

220 Stunden Akquise = 1 Stunde/Tag x 220 Tage/Jahr

220 Stunden, das entspricht etwas mehr als neun vollen Tagen. Auf einen normalen Acht-Stunden-Tag umgerechnet wären das 27,5 Tage oder aber 5,5 Wochen Akquise pro Jahr. Das ist in Summe eine gewaltige Menge, die von vielen nur gestemmt wird, wenn ein Umsatzeinbruch oder eine andere Notsituation eintritt. Bei einer einzigen Stunde am Tag können Sie aber ganz locker und entspannt zum Hörer greifen. Und sagen Sie nicht, dass eine Stunde zeitlich nicht drin ist. Dann stimmt an Ihrer Zeitplanung etwas nicht. Aber auch hier kann Ihnen geholfen werden – mit Ihrem persönlichen Akquise-Stundenplan. Kopieren Sie ihn und hängen Sie ihn sich groß in Ihr Büro und halten Sie sich daran. Am Anfang brauchen Sie vielleicht Disziplin, aber diese wird von Erfolg zu Erfolg immer mehr zur Freude.

Durch die tägliche 1-Stunden-Akquise erreichen Sie drei Effekte, die zeigen, wie das ISP-Modell in seiner Ganzheit funktioniert:

Erstens erzielen Sie einen »Lucky Punch«, einen Soforteffekt, und bekommen einen Termin oder sogar einen Deal. Dieser Erfolg verwandelt die tägliche Disziplin in ein wahres Vergnügen. Und Vergnügen hilft dabei, noch lockerer und freundlicher im Kundengespräch zu sein, was die Wahrscheinlichkeit für weitere Abschlüsse deutlich erhöht. Sie werden immer fleißiger, mutiger und bekommen Ihre ISP-Werkzeuge immer besser in den Griff. Ein positiver Kreislauf setzt sich in Gang. So entsteht Ihr persönlicher Verkaufs-Funnel, über den wir schon ausführlich gesprochen haben.

Zweitens füllen Sie Ihren Chancen- und Verkaufstrichter (Funnel) mit qualifizierten potenziellen Neukunden. Sie sehen, dass Sie mit steigendem Fleiß immer mehr Leads generieren, die von oben in Ihren Funnel reinkommen. Mithilfe der ISP-Systematik können Sie diese Neukunden nicht nur immer schneller und leichter gewinnen, sondern landen immer öfter beim ersehnten Deal. Das Schöne am Modell ist, dass sich durch Dranbleiben der Erfolg wiederholt und Sie immer schneller immer weiter kommen. Das ist schon beinahe olympisch, oder?

Drittens schärfen Sie Ihren Geist und Ihre Zunge. Mit jedem Telefonat werden Sie immer besser und schneller bei Ihrer authentischen Akquise. Unsere Stimme spiegelt dabei unsere Innenwelt wider. Sie transportiert unsere Erfahrungen, Hoffnungen, Ängste und besonders wichtig – die emotionale Resonanz des Augenblicks. Eine Stimme, die nichts von dem transportiert, ist aufgesetzt, nicht authentisch. Trainieren Sie daher Ihre Stimme jeden Tag eine Stunde lang. Dass Sie dabei gleichzeitig Akquise machen, macht diese Stunde doppelt rentabel. Jetzt sind Sie gefragt, dass Sie ins Tun kommen oder, um mit den Worten von O.S. Marden zu sprechen:

»Die Welt verlangt nicht, dass du Anwalt, Priester, Arzt, Bauer, Wissenschaftler oder Händler wirst. Sie schreibt dir nicht vor, was du tun sollst, aber sie verlangt, dass du ein Meister wirst in dem, wozu du dich entschließt.« In die Verkäufersprache übersetzt heißt das dann:

> Erreichen Sie etwas, koste es, was es wolle.

Also, worauf warten Sie noch? Sie haben alles, was Sie brauchen. Sie haben damit den Verkaufserfolg in Ihrer eigenen Hand.

5.26 People, Digital, Live

Kauft der Kunde heute wirklich anders? Ja, das tut er wirklich. Vor allem will der Kunde von heute »schlauer« einkaufen. Und dank der globalen Digitalisierung kann er das auch. Der äußere Trabantenring im ISP-Modell beschreibt dies:

Es ist gar nicht so lange her, da funktionierte Vertrieb noch ganz anders: Meistens ging es ohne Termin zum potenziellen Kunden, es gab weder E-Mail, iPhone, Blackberry & Co und im Büro stand lediglich ein Faxgerät, mit dem jedoch kaum einer so recht etwas anzufangen wusste. Bis plötzlich Aufträge per Fax erteilt wurden. Das war wohl der Anfang unseres »digitalen Zeitalters« und der Idee, den Verkaufsprozess abkürzen zu wollen. Mensch gegen Maschine.

Nicht selten kam es damals auch vor, dass ein Kunde dem Verkäufer die Tageszeitung auf den Tisch knallte, mit den Angeboten eines lokalen, großen Mitbewerbers und dann sagte: »Und, kannst du den Preis unterbieten?«

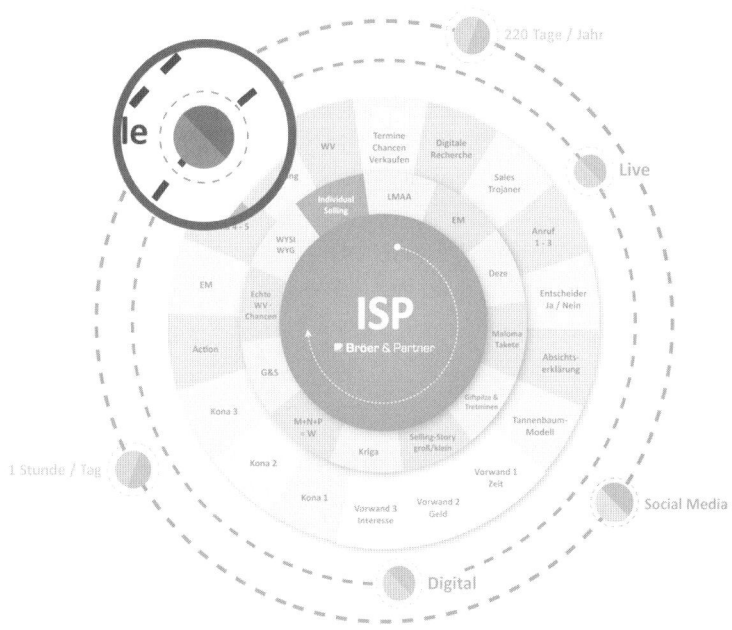

Wie sieht es heute aus? Das Internet ist zur Informationsquelle Nummer eins geworden. In 0,09 Sekunden erhalten Kunden jetzt 10.000 Meinungen zu einem Produkt oder einer Dienstleistung. Mal eben schnell »gegoogelt«. Über 80 Prozent aller Verkäufe sind bereits heute sogenannte Hybridgeschäfte zwischen realer und digitaler Welt, das heißt jeder dieser Käufe wird online begleitet. Darauf muss der Verkäufer reagieren können.

Auf seiner Seite stehen das Kommunikationsbedürfnis und die Mobilität. Die Menschen wollen nach wie vor raus und rein in die Geschäfte. Der Verkäufer muss hier die Antwort auf die Frage parat haben, warum das Produkt im Internet so viel günstiger ist als gerade vor Ort. Sein Vorteil: Er kann ehrlich beraten und das Gerät sofort mitgeben, ohne Wartezeit und Versandkosten.

Daher erleben wir auch gerade eine enorme Renaissance, ein überdimensionales Bedürfnis der Menschen, wieder persönlich miteinander ins Gespräch zu kommen. Einerseits möchte man sich mit allen digitalen Möglichkeiten vorab informieren, dann suchen viele jedoch unbedingt den menschlichen Kontakt. Märkte sind Gespräche und »talk is cheap«. Miteinander reden kostet nicht viel, bringt aber umso mehr.

Unsere Stimme spiegelt unsere Innenwelt wider. Sie transportiert unsere Erfahrungen, Hoffnungen, Ängste und – besonders wichtig – die emotionale Resonanz des Augenblicks. Ein digitales Angebot kann nicht sprechen. Ein digitaler Kuchen duftet nicht. Und so richtig schmeckt er auch erst zu zweit.

Seit der Nutzung der mobilen Endgeräte verschmelzen Arbeitswelt und private Welt immer mehr. Wir sitzen nicht mehr unbedingt am Schreibtisch, wenn wir im Internet unterwegs sind, sondern auch auf der Couch oder am Flughafen. Immer mehr Menschen sind permanent online. Es gibt sogar wissenschaftliche Untersuchungen mit Managern, die durch den »Always on«-Zustand verlernt haben, sich zu fokussieren, zu konzentrieren und klare Entscheidungen zu treffen. Andererseits haben wir auch die Möglichkeit, uns schneller, besser und einfacher zu informieren, als noch vor einem Jahrzehnt.

Das Positive: Das Internet arbeitet für uns! Es ist problemlos möglich, seine Produkte ununterbrochen der Zielgruppe und weit darüber hinaus zu präsentieren – 24 Stunden am Tag, sieben Tage die Woche, 365 Tage im Jahr. Jeder Verkäufer und jedes Unternehmen kann damit zum permanenten Sender werden und auch ohne Worte Interessenten erreichen. Weltweit. Wer jetzt nicht handelt, wird im Kopf des Kunden bald keine Rolle mehr spielen! Dennoch: Es gibt heute nur eine sehr dünne Schicht an Profis, die diese aktuellen Trends erfassen und für sich nutzen. Wir brauchen heute andere – moderne – Verkäufer. In den nächsten Jahren wird sich vieles verändern, zusammen mit der Entwicklung der mobilen Geräte, für die Sie in Zukunft nur noch nach dem günstigsten Preis in der Umgebung fragen müssen. Der moderne Verkäufer muss beide Seiten kennen und beherrschen. Die digitale Welt an seinem analogen Arbeitsplatz. Nur wer heute alle drei Vertriebswege miteinander vernetzt, kann erfolgreich am Markt bestehen.

Warum konnte das »Handy« weltweit so einen fulminanten Siegeszug hinlegen? Eigentlich ist die Antwort simpel: Ein Handy verbindet zwei Grundbedürfnisse von uns Menschen: die Mobilität und die Kommunikation. Wir lieben es, zu kommunizieren, wann immer und wo wir wollen. Der Erfolg von Facebook & Co. zeigt, dass wir alles, was wir für sinnvoll erachten, auch sofort mitteilen wollen.

Facebook ist wie eine moderne Form der Höhlenmalerei: Seht her, was ich hier wieder gemalt habe. Da habe ich mit der Keule einen Kunden erlegt! Und wenn Mobilität und Kommunikation unsere Grundbedürfnisse sind, dann ist es auch völlig logisch, dass viele Menschen sich Reiseangebote im Internet ansehen, aber der größte Teil der Urlauber dann doch lieber zum Reisebüro seines Vertrauens geht, den persönlichen Kontakt sucht, reden und lachen will und im besten Fall gern sein Erspartes für seinen Jahresurlaub investiert. Raus aus der Höhle!

Alle Menschen verbindet die Sehnsucht nach persönlicher Kommunikation. Nach dem Erlebnis wahrer Gefühle, Emotionen. Nach dem Funkeln in den Augen, wenn man ein Geschenk überreicht, es auspackt, sich freut und sich bedankt. Wenn der Kunde JA sagt und den unterschriebenen Vertrag übergibt. Es gibt keine digitale Abkürzung zum Erfolg! Wenn wir es als Verkäufer ernst meinen, dann sehen wir den Menschen im wahren Leben und VERKAUFEN. Daher brauchen wir mehr tolle, erfolgshungrige, fleißige, moderne Verkäufer, die sowohl digital als auch analog, persönlich, menschlich und authentisch die ersten und letzten Schritte mit ihren Kunden gehen. In Zukunft Mensch!

5.27 Social Media

Der Kontakt zum Kunden ist heute direkter und schneller. Das bedeutet aber auch, dass Unternehmen hier schneller werden müssen.

Es reicht nicht aus, eine schicke Facebook-Seite einzurichten, auf der sich Anfragen oder gar Beschwerden sammeln, und niemand reagiert darauf. Werden soziale Netzwerke genutzt, so müssen die Unternehmen auch deren Spielregeln beherrschen oder bei der Print-Anzeige bleiben.

Viele Netzwerke sind mehr oder weniger kostenlos. Es liegt in der Natur der Sache, dass diese Systeme keinen Wohlfahrtsauftrag haben, sondern unsere Daten nutzen. Die Verantwortung beginnt also beim Verkäufer, Unternehmer, beim Anwender, beim Menschen selbst. Jedem muss klar sein, dass, wenn er jeden Tag etwas öffentlich »postet«, jeder Beliebige diese Informationen für oder gegen ihn verwenden kann. Und es muss klar sein, dass jeder exakt die gleichen »kostenfreien« Systeme für intelligente Werbemaßnahmen nutzen kann. Ich kann zum Sender werden, ohne groß investieren zu müssen. News, Blogs, Videos – was früher der Job von Profis und Agenturen war, übernimmt heute jeder einzelne User für sich. Der faire und behutsame Umgang mit den persönlichen Daten und mit dem Privatleben, obliegt jedem selbst. Wie im wahren Leben, so auch in der digitalen Welt.

Unternehmen und Verkäufer können sich somit heute sehr schnell ein relativ detailliertes Bild voneinander machen. Was früher den Geheimdiensten vorbehalten war, das kann nun jeder selbst erledigen: sich in Hochgeschwindigkeit einen bunten Strauß an Informationen besorgen.

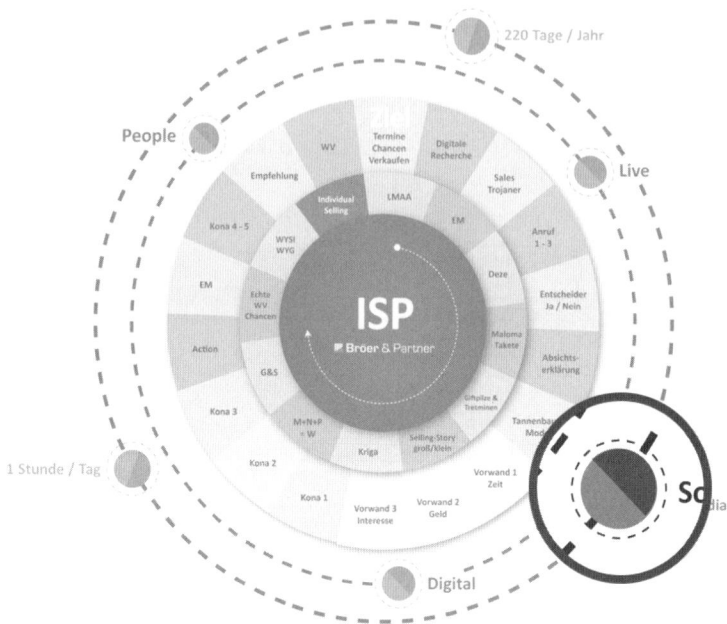

Diese Informationen können wahr sein, falsch oder sogar intim. In jedem Fall basteln sich Verkäufer und Unternehmen aus diesen Mosaiksteinchen ein buntes Profil zusammen. Fakt ist aber auch: Egal, welche Spielvariante der digitalen Möglichkeiten wir nutzen, und egal, was wir einander mehr oder weniger freiwillig verraten, wenn wir es ernst meinen, dann müssen sich Herr Verkäufer und Herr Unternehmer sehen.

Nichts ersetzt einen persönlichen Kontakt. Kann es dazu kommen, dass sich Bewerber eine Falle stellen, indem sie private Dinge »ins Netz stellen«, die einen potenziellen Arbeitgeber abschrecken? Na klar kann das passieren. Das ist fast schon Normalität. Auf der anderen Seite können sich aber genauso jeder Bewerber und Verkäufer überlegen, ob ihnen das Bild gefällt, das sie über sich, den Kunden oder den zukünftigen Arbeitgeber zusammengepuzzelt haben.

Wo sich die Kunden seiner Branche im Netz aufhalten, da muss auch der Verkäufer sein. Facebook, Twitter und XING sind Standard, aber auch die speziellen Foren und Weblogs seiner Sparte. Und Sie sollten nicht nach der Zeit pro Woche fragen, sondern nach der Sichtung pro Tag. Da reichen wenige Minuten aus. Nur so sind Sie in der Lage, schnell zu reagieren. Oder anders und platt gesagt: Wer nicht auffällt, fällt weg. Ob man das gut findet oder sehr gut, das bleibt jedem selbst überlassen. Vorab sollte jeder entscheiden, ob er in diesen Systemen mitspielen kann und will. Wenn ja, dann machen Sie es ganz und so richtig, wie Sie können. Oder lassen es. Wo viel Licht, da viel Schatten.

Und warum surfen Kunden mit den iPhone im Netz, scannen den EAN-Code und schauen nach besseren, anderen Preisen?

1. Weil es die Möglichkeit einfach gibt!

2. Weil schlechte Verkäufer und schlechte Vertriebssysteme ihnen keine Wahl lassen!

Kunden haben Angst vor Betrug und wollen schlau einkaufen. ZMOT – der sogenannte Zero Moment of Truth. Das heißt: Wann genau und warum kauft ein Kunde? Früher war es eine A-B-Entscheidung. Von der ersten Idee, sich einen Rasenmäher zu kaufen, bis zum Fachhandel. Und der hat beraten und mit Fachpersonal verkauft: Heute sind die Entscheidungswege länger, reichen von A bis Z – und auf diesem Weg versuchen Konzerne mit Milliarden von Werbe-Euros permanent auf den Schirm des Käufers zu gelangen oder dort zu bleiben. Damit er keinesfalls vom Weg abkommt. Daher versuchen heute alle Konzerne, auch zum Sender zu werden. Damit wir jedes kleinste Detail sehen, wenn wir die Digitalkamera vor Ort im Elektromarkt scannen.

Dieser vermeintlich schlaue Einkauf kann nur durch uns Menschen beziehungsweise Verkäufer unterbrochen werden. Denn die Treue bleibt beim digitalen Kauf oft aus. Ebenso Fairness und Loyalität. Von beiden Seiten. Heute geht es um eine Sowohl-als-auch-Balance. Werden Sie zum Internet-Sender oder -Star und erreichen Sie über Nacht Millionen von Menschen! Voraussetzung: Werden Sie zuerst ein fairer, toller Verkäufer. Denn: Geschäfte werden von Menschen gemacht. So oder so.

Übung: Bitte beantworten Sie folgende Fragen:

- Wie lautet Ihre Zukunftsstrategie für die digitale Welt?

- Wie kann Ihr Unternehmen erfolgreich im Internet agieren und hier neue Wege gehen?

- Wie können Sie die digitalen Möglichkeiten für Ihr Marketing, Ihren Vertrieb, Ihre Mitarbeitergewinnung und Ihren Kundenservice sinnvoll vernetzen?

- Welche Social-Media-Plattformen sind sinnvoll für Ihr Unternehmen und wie können Sie sofort starten?

- Wie werden Sie im Internet besser gefunden, und zwar jenseits des klassischen Ansatzes?

Zusammenfassung

- Das Intuitive-Sales-Process-Modell (ISP) ist Ihr eigener Weg zum persönlichen Verkaufserfolg. Es ist kein Standardprozess und keine Formel für alles. Es führt und begleitet Sie auf Ihrem eigenen Weg. Denn wahrer Verkaufserfolg ist immer authentisch und nicht eins zu eins kopierbar.

- Die erste Grundregel lautet: Hören Sie auf Ihr Bauchgefühl. Es belügt Sie nie und zeigt Ihnen, ob Sie einem guten Deal mit einem fairen Gesprächspartner entgegensteuern oder ob es hier verborgene Fallen und Tretminen gibt.

- Die zweite Grundregel lautet: Eine Stunde am Tag gehört Ihrer Akquise. Machen Sie Akquise weder zur Verzweiflungsaktion noch zum hochstilisierten »seltenen Ereignis«. Sehen Sie Akquise wie Zähneputzen. Das tun Sie auch jeden Tag, weil es normal ist. Genauso normal wird Akquise, wenn Sie jeden Tag eine Stunde investieren. Dann wird sie locker und die Erfolge kommen immer schneller.

- Die dritte Grundregel lautet: Setzen Sie sich mit den beschriebenen Aquise- und Strategie-Regeln auseinander. Machen Sie diese zu Ihrer zweiten Natur.

- Die vierte und letzte Grundregel lautet: Genießen Sie den Prozess. Es macht Spaß, seinen Weg zum Erfolg zu gehen – und noch viel mehr, immer mehr Erfolg dabei zu haben. Das gibt Selbstbewusstsein, Lockerheit und dadurch immer mehr Aufträge.

Kapitel 6:
Und Action!

Gratulation! Sie haben es bis hierher geschafft. Haben Sie das Buch nicht nur durchgeblättert, sondern durchgearbeitet? Haben Sie sich hingesetzt und alle Übungen gemacht? Haben Sie den Platz für Ihre persönlichen Notizen genutzt? Haben Sie unterstrichen, markiert und nachgedacht? Und vor allem:

> Haben Sie regelmäßig zum Hörer gegriffen?

Dann haben Sie eine spannende Reise hinter sich: voller Erkenntnisse, Einsichten und handfester Hilfestellungen für Ihren persönlichen Verkaufserfolg. Sie haben vieles gehört, gelernt und erreicht. Lassen Sie uns die wichtigsten Stationen durchgehen, ähnlich wie wenn man in seinem Fotoalbum der letzten Urlaubsreise blättert. Vergegenwärtigen Sie sich dabei die Stationen und denken Sie daran, bei welchem Wissens- und Kenntnisstand Sie jeweils vor der Arbeit mit diesem Buch waren:

Persönlichkeitsentwicklung

Zum Beginn ging es darum, den Begriff des Verkäufers von all den Vorurteilen, die in diesem Zusammenhang durch viele Köpfe spuken, zu reinigen. Verkäufer ist ein Ausbildungsberuf. Er verlangt viel und hat eine wichtige Funktion in unserer Gesellschaft.

> Seien Sie stolz darauf, Verkäufer zu sein!

Sie haben zudem die Persönlichkeitsmerkmale eines erfolgreichen Verkäufers kennengelernt. Was macht einen richtigen Verkäufer aus? Sie haben in diesem Zusammenhang auch interessante Übungen gemacht, um ehrlich herauszufinden, ob Sie das Zeug zum richtigen Verkäufer haben. Zum anderen haben Sie erfahren, wie Sie diese Eigenschaften in sich selbst finden und verankern können.

Neukundengewinnung

Sie haben die Mechanismen gelernt, die Sie von erfolgreicher Akquise trennen. Es wurde auch gezeigt, wie Sie diese Mechanismen aushebeln können. Akquise ist für Sie nun weder ein Angstwort noch ein Hindernis. Nach einer ausführlichen Analyse haben Sie eines gelernt:

Akquise ist K E I N E Krise

Im Gegenteil! Sie wissen nun, dass Akquise nicht nur etwas Selbstverständliches ist, sondern sie macht Ihnen hoffentlich auch schon ein Menge Spaß, weil Akquise immer Kommunikation von Mensch zu Mensch ist. Und das macht sie unschlagbar im Zeitalter der Digitalisierung.

Verkäuferschulung

Darüber hinaus haben Sie mit dem ISP-Modell eine Verkäuferschulung durchlaufen, die Ihnen alle Werkzeuge und alle Situationen beigebracht hat, um im Akquiseprozess erfolgreich bestehen zu können. Jederzeit können Sie sich zum Auffrischen das eine oder andere Modul vornehmen und daran feilen. Das Modell ist aufgebaut wie ein Spiel.

> Machen Sie Ihr eigenes Spiel daraus.

Genießen Sie die Kombinationsmöglichkeiten des ISP-Modells und trainieren Sie damit Ihre Kreativität und letztlich auch Ihre Intuition. Denn nichts ist schädlicher für Ihre Intuition als jeden Tag dieselben Abläufe. Also, überraschen Sie sich und Ihre Kunden mit neuen Ideen, neuen Herangehensweisen und einer spannenden Selling-Story.

Tagebuch

Zu guter Letzt sieht das Buch hoffentlich nicht mehr neu aus. Haben Sie es vollgeschrieben mit Ihren Ideen, Gedanken und Verbesserungsvorschlägen? Haben Sie diese wertvollen Erkenntnisse zu Ihrem Selbstverständnis als Verkäufer, zu Ihrer Selling-Story und zu all den Prozessverbesserungen notiert? Dann haben Sie das Buch zu Ihrem ganz persönlichen Arbeitsbuch gemacht. Blättern Sie doch noch einmal zur Einleitung zurück. Dort haben Sie Ihre Ziele in Bezug auf diese Lektüre formuliert. Haben Sie alle Ziele erreicht? Oder gibt es noch einen offenen Punkt? Sie kennen nun die Modelle und Sie wissen, wie Akquise funktioniert.

Dann fehlt nur noch eins:

Gehen Sie raus und machen Sie Akquise!

Damit Sie im täglichen Stress immer den Überblick bewahren können, finden Sie auf den nächsten beiden Seiten zwölf Erfolgsregeln.
Diese rufen Ihnen immer wieder in Erinnerung, was Sie zu tun haben, damit sie auf Ihrem Erfolgsweg bleiben können.

Viel Spaß!

Ihre zwölf Erfolgsregeln

1. Besuchen Sie Kunden. Jeden Tag. Und Sie werden jeden Tag besser.

2. Wenn Sie Ihre Verkaufsgespräche langweilig finden, dann finden sie andere auch langweilig.

3. Lernen Sie Ihre Vertriebsgeschichte und bleiben Sie dabei.

4. Der Fleißige schlägt den Talentierten und der Kreative den Stereotypen. Bleiben Sie fleißig und kreativ.

5. In der digitalen Welt gibt es Freunde, im wahren Leben müssen Sie für einen Auftrag kämpfen. Nutzen Sie beides.

6. Verkäufer verkaufen, Verkäufer verkaufen viel, Verkäufer verkaufen immer.

7. Machen Sie eine Liste Ihrer Lieblingswörter, Lieblingsbücher und schönsten Erfolgsgeschichten.

8. Im aktiven Verkauf gibt es nicht immer ein Happy End. Gewöhnen Sie sich daran.

9. Tragen Sie immer Ihr wichtigstes Verkäuferhandwerkszeug bei sich: Ihren besten Kugelschreiber.

10. Nach 15 erfolglosen Kaltbesuchen gehen Sie spazieren, tanzen, kümmern sich um Ihren Garten. Machen mal den Abwasch.

Denken Sie dabei nach, was Sie morgen anders machen werden.

11. Gehen Sie in den vertrieblichen Schmerz. Überwinden Sie Grenzen und probieren Sie um Himmels willen immer neue Dinge aus.

12. Lernen Sie den Verkaufsprozess mit den Augen Ihres Gegenübers zu sehen. Er ist ein Mensch.

Und zum Abschluss der wirklich letzte gute Rat …

Hören Sie auf, die Regeln zu lesen:

Gehen Sie verkaufen!

Epilog

Your world
Is nothing more
Than all
The tiny things
You've left
Behind

(Jamie Cullum)

Über den Autor

Wie werde ich Verkäufer? Bin ich ein guter Verkäufer?

Wie gewinne ich neue Kunden?

Wie werde ich erfolgreich? Gibt es eine Formel für persönlichen und wirtschaftlichen Erfolg? Was muss ich tun, damit Sie mich erfolgreich machen?

Wie bekommen wir unseren Vertrieb mal wieder frisch? Warum ignorieren wir so viel Potenziale? Was ist ein moderner Verkäufer?

Was ist die Basis für einen erfolgreichen Vertrieb? Was ist für Verkäufer und Unternehmen unumgänglich?

Diese und noch viel mehr Fragen hört Holger Bröer nahezu täglich. Warum eigentlich? Weil es menschlich ist, Fragen zu stellen und nach Antworten zu suchen. Bei diesen Fragen werden jedoch äußere Umstände betrachtet, die auf Antworten hoffen lassen, auf Lösungen abzielen, die keine sind. Wenn man im Leben einen klar beschrieben Weg (den man gehen muss) abkürzen will, führt es entweder in eine Sackgasse oder auf den sprichwörtlichen Holzweg. Holger Bröer interessiert daher nur eins: Den Menschen

Er zählt heute zu dem sehr kleinen Kreis von Menschen die als Redner, Berater, Trainer, Verkäufer – als Mensch – etwas zu sagen haben, operativ für Verkäufer und Unternehmen Wachstum erzeugen. Er spricht Klartext, ist konkret, polarisiert und will um jeden Preis etwas bewegen, etwas in Gang setzen, vom Kopf in Ihr Herz und dort auch bleiben. Egal wie Sie es nennen: Hardselling, Loveselling, Verkaufen nach Farben, Malen nach Zahlen. Holger Bröer nennt es: www.In-Zukunft-Mensch.de

Und das aus gutem Grund: Wenn Sie alles an »Vertriebs-Abrakadabra« entfernen, wenn Sie alles wegfeilen, was rund um den ach so geheimen Verkaufsprozess alles verkauft wird, wenn Sie es wirklich ernst meinen – dann treffen sich zwei Menschen und wollen herausfinden, ob sie sich mögen. Eine Grundlage prüfen, eine Grundlage herstellen für einen »fairen Deal«. Was ist an diesem Prozess heute anders als früher? Gar nichts!

Bis auf den Umstand, dass die digitale Welt immer wieder neue/alte Methoden hervorbringt, die Menschen zum Abkürzen verführen wollen. Über Nacht mit Null-Invest zum Internet-Star und -Millionär avancieren. Dabei gibt es nur einen Elvis, Steve Jobs und nur ein Facebook, aber es gibt 99,9 Prozent an Versuchen, die scheitern. Geschäfte werden von und mit echten Menschen gemacht. Holger Bröer macht daher seine Geschäfte »Face to Face« und nicht »Face to book«. Vertrieb findet ganz vorne statt. Höchstpersönlich und menschlich. Mit dem unverwechselbaren Klang unserer Stimme und nicht mit drei lustigen ☺☺☺ per E-Mail.

Im Jahr 2000 hat Holger Bröer nach dem Aufbau von Vertriebsorganisationen und Vertriebsstrukturen (Sales-Teams) für international agierende Unternehmen wie Vodafone oder Verizon sein eigenes Unternehmen gegründet.

Aus für ihn drei wichtigen Gründen:

1. Für und mit Unternehmen Wachstum zu generieren und Krisen gar nicht erst entstehen zu lassen.

2. Potenziale bei Unternehmen, aber vor allem bei Menschen, zu erkennen und diese gemeinsam zu heben.

3. Den Verkäufer, den wichtigsten Akteur im Unternehmen, besser machen. Zu mehr Spaß und Anerkennung für seinen täglichen Job verhelfen.

Bröer & Partner beschäftigt sich daher auch logischer und konsequenter Weise mit dem Menschen. Bröer & Partner ist bundesweit die einzige operative Unternehmensberatung, die drei für Unternehmen relevante Lösungen liefert:

➤ Holger Bröer öffnet und hebt als KeyNote-Speaker in seinen ausgezeichneten Vorträgen (Akquise in der digitalen Welt ist keine Krise) sofort Potentiale.

➤ Bröer & Partner beraten nicht nur am FlipChart, sondern verkaufen Wissen und sorgen für nachhaltigen KnowHow-Transfer – Bröer & Partner steigert Wachstum operativ und nachhaltig.

➤ Bröer & Partner sucht und findet Menschen mit einer ausgeprägten Vertriebs-DNA. Menschen, die das sprichwörtliche Vertriebsgen in sich tragen und es erfolgreich einsetzen.

Durch sein permanentes Streben nach Lösungen und dem Drang Menschen in ihrem Job glücklicher und zufriedener zu machen erhielt Holger Bröer 2011 die Auszeichnung als Bester Managementberater in Deutschland.

Holger Bröer hat bis heute mehr als 15.000 Direktkontakte zu Kunden erlebt, sein Wissen in über 400 Vorträgen auf internationalen Bühnen vermittelt, er trainiert und coacht täglich Menschen und hilft jedes Jahr über 100 Menschen eine neue Herausforderung zu finden. Holger Bröer ist Experten-Mitglied in den wichtigsten Vereinen und Verbänden für Manager, Sales und Menschen in Europa.

Erleben Sie Holger Bröer live in einem persönlichen Gespräch mit Ihnen, auf der Bühne oder in einem Training.

Schreiben Sie Holger Bröer: Broeer@HolgerBroeer.com

Danksagung oder einfach mal DANKE sagen!

Ich hatte Glück oder es gibt gar kein Glück, wie Kollegen schreiben.

Das was mir widerfahren ist, alles was ich erlebt habe und weiterhin erleben darf ist etwas anderes, etwas Rationales. Es heißt: »Glück ist das Ergebnis aus Ursache und Wirkung.« Das »Je mehr desto Prinzip«. Ich hatte also kein Glück. Daher nennen wir es gerne Ursache – Wirkung, dass meine Mutter mir die Geschichte vom Kaiser und seinen neuen Kleidern sehr früh vorgelesen hat. 1837 schrieb Hans Christian Andersen über Lug und Betrug und über Dinge die Menschen gerne sehen wollen obwohl sie nicht da sind. Er schrieb aber auch über Mut und Courage. Ich habe diese Geschichte wohl sehr früh verstanden.

Talk is cheap, reden kostet nichts und ein aufrichtiges DANKE tut gut. Und Danke, Bitte und Respekt zeigen zu können, dass zeugt mindestens von einer guten Kinderstube.

So halte ich es in meinem Leben. Sag was Du willst und vielleicht bekommst Du was Du möchtest. Sag was Du meinst und meine was Du sagst. Bedanken möchte ich mich daher auch für viele schlaflose Nächte, Bauchschmerzen, Existenzängste, kleinen und großen Irritationen, Probleme, mittelschwere Katastrophen, Verluste und Verlustängste. Trauer, Wut und das eine und auch andere kontrovers geführte Konfliktgespräch. Danke für die vielen Neins und Ablehnungen. Für die unverständlichen Aussagen, nicht gut gemeinten Ratschläge und Angebote. Danke für kalte Unaufrichtigkeit und nicht selten Respektlosigkeit. Für die verbalen und mentalen Ohr-feigen. Für die Steine, Felsen und tiefe Gräben die ich überwinden durfte. Und auch für die kleinen Stöckchen die man mir hinhält und über die ich auch gesprungen bin.

Das alles bringt mich weiter.

Mein aufrichtiger Dank richtet sich daher an alle Menschen, Kun-den, Kandidaten, Mitarbeiter und Freunde, die Nein zu mir gesagt haben. Die Parabel aus der obigen Geschichte ist heute so aktuell wie nie. Wir neigen dazu, unbequeme Wahrheiten aus Angst zu ver-schweigen. Wir tragen und ertragen viel, sehr viel bevor wir in der Lage sind, einem couragierten Protagonisten zu folgen.

Ohne Euch wäre ich nicht an dieser Stelle. Wäre niemals soweit ge-kommen. Ohne Euch wüsste ich nicht, warum ich hier bin.

Ich habe gelernt, mir selbst zu folgen. Denn Erfolg ist das, was er-folgt, wenn Du Dir selbst folgst.

»Ich will unter keinen Umständen ein Allerweltsmensch sein. Ich habe ein Recht darauf, aus dem Rahmen zu fallen. Ich wünsche mir Chancen, nicht Sicherheiten. Ich will dem Risiko begegnen, mich nach etwas sehnen und es verwirklichen, Schiffbruch erleiden und Erfolg haben. Ich habe ge-lernt, selbst für mich zu handeln, der Welt gerade ins Gesicht zu sehen und zu bekennen: Dies ist mein Werk. Das alles ist gemeint, wenn wir sa-gen: Ich bin ein freier Mensch!«

Albert Schweitzer[*]

DANKE!

Holger Bröer, Juni 2012

---

[*] Quelle: Deutsches Albert Schweitzer Zentrum; www.albert-schweitzer-zentrum.de

Ihr B&P-
Verkäuferhandwerkszeugkasten

www.in-zukunft-mensch.de | www.schnecken-huepfen-nicht.de

Stichwortverzeichnis